用于国家职业技能鉴定

国家职业资格培训教程

YONGYU GUOJIA ZHIYE JINENG JIANDING

GUOJIA ZHIYE ZIGE PEIXUN JIAOCHENG

装配钳工

（中　级）

第2版

编审委员会

主　任　刘　康

副主任　张亚男

委　员　宋小春　杨耀双　陈俊传　杨耀基　傅　鹆

　　　　陈　蕾　张　伟

编审人员

主　编　何晓凌

副主编　宋小春

编　者　慕泽飞　黄明清　李　功　陈　琳　余玉棠

　　　　叶卓毫　罗荣辉

主　审　杨耀双

审　稿　杨　帆

中国劳动社会保障出版社

图书在版编目（CIP）数据

装配钳工：中级/中国就业培训技术指导中心组织编写. —2 版. —北京：中国劳动社会保障出版社，2013

国家职业资格培训教程

ISBN 978 - 7 - 5167 - 0707 - 4

Ⅰ.①装…　Ⅱ.①中…　Ⅲ.①安装钳工-技术培训-教材　Ⅳ.①TG946

中国版本图书馆 CIP 数据核字（2013）第 265015 号

中国劳动社会保障出版社出版发行

（北京市惠新东街 1 号　邮政编码：100029 ）

*

三河市华骏印务包装有限公司印刷装订　新华书店经销

787 毫米×1092 毫米　16 开本　14.5 印张　245 千字

2014 年 1 月第 2 版　2023 年 1 月第 13 次印刷

定价：**29.00** 元

营销中心电话：400－606－6496

出版社网址：**http:// www.class.com.cn**

前　　言

为推动装配钳工职业培训和职业技能鉴定工作的开展，在装配钳工从业人员中推行国家职业资格证书制度，中国就业培训技术指导中心在完成《国家职业技能标准·装配钳工》（2009 年修订）（以下简称《标准》）制定工作的基础上，组织参加《标准》编写和审定的专家及其他有关专家，编写了装配钳工国家职业资格培训系列教程（第 2 版）。

装配钳工国家职业资格培训系列教程（第 2 版）紧贴《标准》要求，内容上体现"以职业活动为导向、以职业能力为核心"的指导思想，突出职业资格培训特色；结构上针对装配钳工职业活动领域，按照职业功能模块分级别编写。

装配钳工国家职业资格培训系列教程（第 2 版）共包括《钳工（基础知识）第 2 版》《装配钳工（初级）第 2 版》《装配钳工（中级）第 2 版》《装配钳工（高级）第 2 版》《装配钳工（技师　高级技师）第 2 版》5 本。《钳工（基础知识）第 2 版》内容涵盖《标准》的"基本要求"，是各级别装配钳工均需掌握的基础知识；其他各级别教程的章对应于《标准》的"职业功能"，节对应于《标准》的"工作内容"，节中阐述的内容对应于《标准》的"技能要求"和"相关知识"。

本书是装配钳工国家职业资格培训系列教程（第 2 版）中的一本，适用于对中级装配钳工的职业资格培训，是国家职业技能鉴定推荐辅导用书，也是装配钳工职业技能鉴定国家题库命题的直接依据。

本书在编写过程中得到广东省职业技能鉴定指导中心、华南理工大学、广州机床厂、广州数控设备有限公司、广州重型机床厂、华亚数控设备厂、沈阳机床厂、大连机床厂、南通机床厂、珠海旺磐精密机床有限公司、广东机械技师学院、广东国防技师学院、广东工商高级技工学校、广东轻工技师学院、佛山南海技师学院等单位的大力支持与协助，在此一并表示衷心的感谢。

中国就业培训技术指导中心

目　录

CONTENTS　国家职业资格培训教程

第1章

零件加工

第1节 划线操作

 学习单元1 复杂零件的划线

 **学习目标**

1. 能够正确选择划线基准。
2. 能够熟练运用找正和借料方法进行划线。
3. 能够完成形状复杂零件及中型箱体的划线。

 知识要求

划线是指在毛坯或工件上，用划线工具划出待加工部位的轮廓线或作为基准的点和线的操作。划线分平面划线（一个表面上划线即可）和立体划线（需在三个相互垂直的表面上划线）两种。划线除要求划出的线条清晰均匀外，最重要的是保证尺寸准确，划线精度一般为 0.25～0.5 mm。

一、划线工具介绍

划线工具按用途分类，见表1—1。

1

国家职业资格培训教程

表1—1 　　　　　　　　　　　　常用划线工具分类

类别	名称	图　示	用途说明
基本工具	平台		铸铁制成，用来安放工件和划线工具，并在其工作面上完成划线
	方箱		通过翻转方箱，可以将安装在方箱上的工件相互垂直的全部线条画出。方箱上的 V 形槽用于装夹圆柱形工件
	V 形架		一般 V 形架都是一副两块，其夹角为90°或120°，主要用于支撑轴类零件
测量工具	90°角尺		钳工常用的测量工具，划线时用来划垂直线或平行线的导向工具
	游标高度尺		一种比较精密的量具及划线工具，既可以用来测量高度，又可以用量爪直接划线
绘划工具	划针		划线的基本工具，常用的划针用 $\phi 3 \sim \phi 6$ mm 的弹簧钢或高速钢制成。应使划出的线条清晰、准确

续表

类别	名称	图 示	用途说明
绘划工具	划规		用来划圆、等分线段、等分角度及量取尺寸等
	划线盘		用来直接在工件上划线或找正工件位置，划针直头用来划线，弯头用来找正工件位置
	样冲		用来在所划的线条或圆弧中心处打上样冲眼
辅助工具	垫铁		用来安放工件，调整划线基准
	千斤顶		用来支持毛坯或形状不规则的工件进行立体划线，可以调节工件的高度

二、划线基准的选择

划线时，在工件上所选定的用来确定其他点、线、面位置的基准，称为划线基准。划线基准选择的基本原则是应尽可能使划线基准与设计基准相一致。平面划线一般选择 2 个方向划线基准，立体划线一般选择 3 个方向划线基准。

划线基准选择一般有以下 3 种类型：

1. 以两个互相垂直的平面（或直线）为基准，如图1—1a所示。

2. 以两条互相垂直的中心线为基准，如图1—1b所示。

3. 以一个平面和一条中心线为基准，如图1—1c所示。

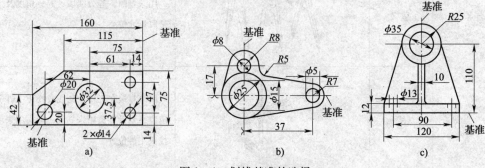

图1—1　划线基准的选择

a）以两个互相垂直的平面为基准　b）以两条互相垂直的中心线为基准

c）以一个平面和一条中心线为基准

三、划线时的找正和借料

各种铸、锻件由于某些原因，会形成形状歪斜、偏心、各部分壁厚不均匀等缺陷。当形位误差不大时，可通过划线找正和借料的方法来补救。

1. 找正

找正就是利用划线工具使工件上有关表面与基准面（如划线平台）之间处于合适的位置。找正时应注意以下问题：

（1）当工件有不加工表面时，应以不加工表面为基准找正后再划线，可使加工表面与不加工表面间保持尺寸均匀。如图1—2所示的轴承架毛坯，以A面为基准找正划底面加工线；以外圆为基准找正划出内孔加工界线。

（2）当工件上有两个以上的不加工表面时，应选重要的或较大的表面为找正基准依据。

（3）当工件上没有不加工表面时，通过对各加工表面自身位置的找正后再划线，合理分配加工余量。

2. 借料

借料就是通过试划和调整，将各加工表面的加工余量合理分配，互相借用，从而保证各加工表面都有足够的加工余量的划线方法。借料的一般步骤

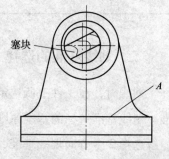

图1—2　毛坯工件的找正

如下：

（1）测量工件的误差情况，找出偏移部位并测出偏移量。

（2）确定借料方向和大小，合理分配各部位的加工余量，划出基准线。

（3）以基准线为依据，按图样要求，依次划出其余各线。

如图 1—3a 所示为套筒的锻造毛坯，其内、外圆都要加工。若毛坯的内、外圆偏心量较大，以外圆的找正划内孔加工线时，内孔加工余量不足，如图 1—3b 所示；若以内孔找正划外圆加工线，则外圆加工余量不足，如图 1—3c 所示；只有将内孔、外圆同时兼顾，采用借料的方法才能使内孔和外圆都有足够的加工余量，如图 1—3d 所示。

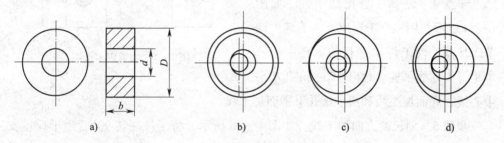

图 1—3　套筒划线的借料

a）套筒工件图及划线　b）按外圆找正　c）按内圆找正　d）按圆心找正

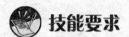 **技能要求**

技能 1　轴承座立体划线

一、操作准备

1. 材料准备：石灰水或防锈漆、轴承座铸件毛坯、塞块、清洗零件用的煤油等。

2. 工具准备：划线盘、千斤顶、300 mm 90°角尺、划规、样冲等。

3. 设备准备：大型平板、打磨用电动砂轮。

二、操作步骤

步骤 1　分析图样（见图 1—4），确定划线基准。

据分析，该工件需在长、宽、高三个方向划线，即划出全部加工线需对工件进

行三次安放。分析基准可知：长度方向
基准为轴承的左右对称中心线，高度方
向基准为轴承座底面，宽度方向基准在
两端面中选一即可。

步骤2 清理毛坯，去除残留型砂及
氧化皮、毛刺、飞边等，并在 ϕ50 mm 毛
坯孔内装好塞块。

步骤3 在毛坯划线表面涂上一层薄
而均匀的石灰水或防锈漆。

步骤4 划高度方向加工线。如图
1—5a 所示，用三个千斤顶支撑毛坯。调
节千斤顶，使工件水平且轴承孔中心基
本平行于划线平板。划出 ϕ50 mm 孔水平
中心线、底面加工线和两个螺孔上平面加工线。

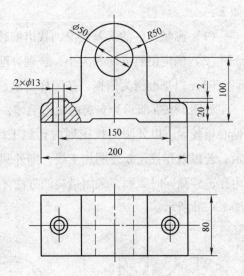

图1—4 轴承座零件图

步骤5 划长度方向加工线。如图 1—5b 所示，将工件翻转 90°后用千斤顶支
撑，调整千斤顶使轴承内孔的两端中心线处于同一高度。用 90°角尺找正，划出
ϕ50 mm 孔的垂直中心线、两个螺孔的中心线。

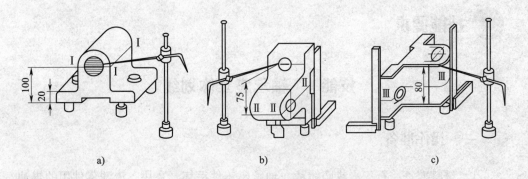

a)   b)   c)

图1—5 划三个方向加工线时的安放位置

a) 划高度方向加工线 b) 划长度方向加工线 c) 划宽度方向加工线

步骤6 划宽度方向加工线。如图 1—5c 所示，将工件翻转 90°后用千斤顶支
撑。用 90°角尺在两个方向进行找正，划出两个螺孔另一方向中心线和轴承座前后
两个端面加工线。

步骤7 撤下千斤顶。用划规划出两端轴承内孔和两个螺栓孔的圆周线。

步骤8 经检查无错误、无遗漏后，在所划线上打样冲眼。

三、注意事项

1. 应保证千斤顶支撑可靠、安全，并采取保护措施，防止发生工伤事故。

2. 选择第一划线位置，应保证是加工孔和面最多的面，以减少工件翻转次数。

3. 用划线盘划线时，划针倾斜角度不要太大，应使其基本处于水平位置。

技能 2　C620－1 型车床主轴箱箱体划线

一、操作准备

1. 材料准备：石灰水、品紫、C620－1 型车床主轴箱箱体铸件毛坯、塞块、清洗零件用的煤油等。

2. 工具准备：划线盘、千斤顶、90°角尺、等高铁条、划规、样冲、錾子等。

3. 设备准备：大型划线平台、打磨用电动砂轮等。

二、操作步骤

步骤 1　看零件图，分析加工工艺要求，确定划线思路。

图 1—6 为 C620－1 型车床主轴箱的零件图。C620－1 型车床主轴箱箱体的划线要分为三次进行，第一次划线以主轴孔为基准划出外形尺寸线；经过机加工后，再进行第二次划线。第三次划线则按照已加工的孔和面为基准，分别划出有关的螺孔、光孔和油孔的位置线和加工线。

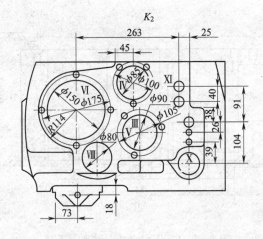

a)

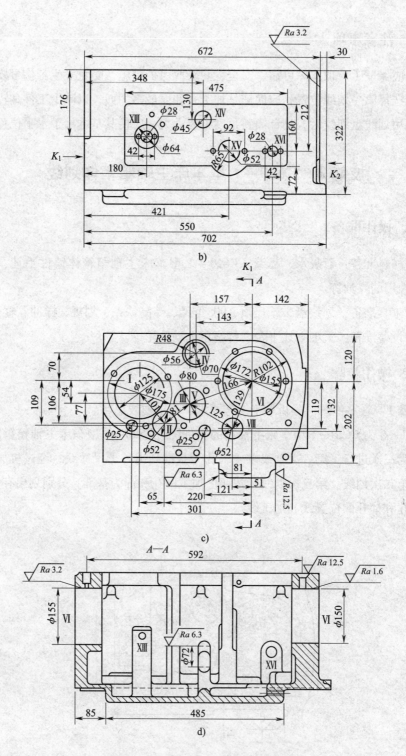

图1—6　C620－1型车床主轴箱箱体

a）左视图　b）右视图　c）俯视图　d）外观图

步骤 2　划线前的准备工作。

（1）用手提砂轮、錾子或钢丝刷清理主轴箱铸件毛坯。

（2）给工件涂色。在铸件毛坯表面上涂石灰水或大白混合胶水的涂料。

步骤 3　第一次划线。以主轴孔Ⅵ的中心线为基准，划出箱体各部的外形尺寸线。具体划法如下：

（1）箱体的第一次安装如图 1—7 所示。首先调整千斤顶的高度，用划线盘找正 A、B 面基本与划线平台面平行，并用 90°角尺检查 G、C 面使其与划线平台面基本垂直，调整后必须使所有孔、面都有加工余量。然后以孔Ⅵ内壁凸台和 A、B 面的加工余量为依据、找正划出第一校正线Ⅰ- Ⅰ；并以Ⅰ- Ⅰ线为基准加上 120 mm 划出 A 面，减去 202 mm 划出 B 面。同时检查Ⅰ孔和其他孔的加工余量。这时箱体的第一划线位置的划线结束。

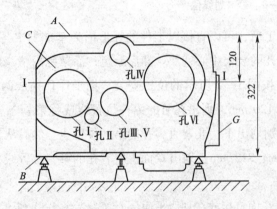

图 1—7　第一划线位置

（2）将箱体翻转 90°，进行第二次安装，如图 1—8 所示。用 90°角尺校正Ⅰ- Ⅰ线使其与平台面垂直。依据孔Ⅵ内壁凸台和 E、F 面划出第二校正线Ⅱ- Ⅱ。以Ⅱ- Ⅱ为基准，减去 142 mm，划出 G 面加工线；加上 81 mm 划出 E 面的加工线；接着从 E 面的加工线的高度减去 146 mm 划出 F 面的加工线。第二划线位置的划线结束。

（3）将箱体再翻转 90°，进行第三次安装，如图 1—9 所示。调整千斤顶高度，用 90°角尺校正Ⅰ- Ⅰ和图 1—8 中的Ⅱ- Ⅱ线的延长线使其与平台面垂直。划出 C、D 两面之间 672 mm 的加工线。至此第三划线位置的划线结束。

（4）检查所划的线条，无错漏则在加工线上打出样冲眼。至此第一次划线结束。工件转到机加工程序。

步骤 4　第二次划线。

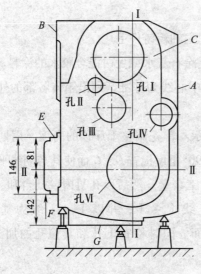

图1—8　第二划线位置

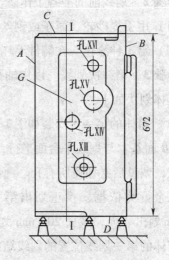

图1—9　第三划线位置

箱体经过机加工后，可以直接以工件的外形面为基准划出各孔的加工位置线。划线前在箱体的各孔内装上中心塞块。然后涂色，涂紫色酒精漆片涂料为好。

（1）箱体仍然按图1—7所示的位置安装，把千斤顶换成两等高垫铁条支撑。以 A 面为基准减去 120 mm，划出孔Ⅵ的第一位置线或称第一条中心线；然后按照图样尺寸要求，分别划出Ⅰ、Ⅱ、Ⅲ…孔的第一位置线。然后从 A 面的高度分别减去 176 mm、130 mm、212 mm，划出 G 面上所有孔的第一位置线，完成第一划线位置的划线工作。

（2）把箱体的 G 面直接放在划线平面台上（参考图1—8所示的位置）。以 G 面为基准，把游标高度尺调到 142 mm 高度在 C 面和 D 面分别划出孔Ⅵ的第二位置线。在 C 面上还分别以（142＋220＋65）mm、（142＋220）mm、（142＋157）mm、（142＋143）mm 为高度划出孔Ⅰ、Ⅱ、Ⅲ、Ⅳ的第二位置线。在箱体其他表面上，分别划出Ⅴ、Ⅷ等孔的第二位置线。完成第二划线位置的划线。

（3）参考图1—9所示的位置。把工件的 D 面直接放在划线平台上，根据图1—6b 的要求，以 D 面为基准，把高度规分别调到 180 mm、348 mm、421 mm、550 mm 的高度，划出孔ⅩⅢ、ⅩⅣ、ⅩⅤ、ⅩⅥ的第二位置线。完成第三划线位置的划线。

（4）检查所划的线无错漏后，在上述各位置线的交点即孔的圆心处打样冲眼，并划出各孔的加工线。第二次划线结束，并转镗床镗孔。

步骤5　第三次划线。

当箱体镗孔结束后，按图样尺寸要求划出所有螺孔、光孔、油孔的位置线和加工线。至此，C620－1型车床主轴箱箱体的划线全部完成。

三、注意事项

1. 大型工件或箱体划线采用三点支撑时，三个支撑点的位置应尽量分散，以确保重心落在三个支撑点构成的三角形中心部位，使各个支撑点受力均匀。

2. 箱体划线一般都要划出十字校正线，校正线必须划在长而平直的部位，线条越长，校正越准确。

3. 不宜用手直接调节千斤顶，以免工件砸伤手。

 学习单元2　钣金件展开划线

 学习目标

1. 了解钣金的相关知识。

2. 掌握钣金件的展开划线方法。

3. 能够进行典型钣金件的展开划线。

 知识要求

钣金是将金属薄板通过手工或模具冲压使其产生塑性变形，形成工程所要求的形状和尺寸，并可进一步通过焊接或少量的机械加工形成更复杂零件的操作。钣金是一种针对金属薄板（通常在 6 mm 以下）的综合冷加工工艺。

一、钣金工的工作工序

钣金工的工作工序一般要经过看图、根据尺寸形状要求画出构件样图、下料、制作和校核等。每一道工序的具体做法是否正确都关系到整个工作的成败。

1. 看图

看图是指要求看懂构件按正投影原理画出的施工图，即视图。

2. 下料

下料的具体步骤包括放样、求结合线、作展开图、放出加工余量、剪切等工序。有很多人仅仅将剪切毛坯料的一个工序当作是下料是不全面的。下料的过程可以说是钣金整个工作过程的核心。其中放样、求结合线和作展开图尤为关键，它具有理论性强、要求精确等特点，是钣金工作的难点。

3. 制作

即按展开图将板料剪切，按施工图的要求拼接起来的过程。

4. 校核

校核包括对制作好的构件校正和检验的过程。通过检验及时发现问题，避免板料的浪费和提高质量。

二、钣金常用工具及设备

1. 钣金常用手工工具

（1）剪刀

剪刀是用来剪切各种不同厚度的金属板材的手工工具。常用的有直口剪刀和曲口剪刀。其规格有 300 mm 和 450 mm 两种。

（2）锤子

钣金锤子是工作中不可缺少的工具。按材质可分为工具钢锤子、木槌、橡胶锤三种。按其重量大小可分为多个等级。

（3）托铁

托铁是用中碳钢制成的畸形块，大小和形状依实际要求决定。其主要作用是修复薄板时，将托铁衬在反面以抵抗锤子的冲击力。

（4）冲子

用于在薄板上冲孔和扩孔。冲子用中碳钢制造，并无固定规格，可由操作者按需要自制。

（5）线痕錾

线痕錾俗称为踩子，是一种没有锋刃的錾子，主要用于使板料弯曲或进行棱线加工。无固定规格，需自制。

（6）方木棒

方木棒也叫拍板，用硬质木料制成。主要用于薄板件的卷边和咬接，其规格为长 400 mm、宽和厚各 45 mm。

2. 钣金常用机具

（1）砂轮机

砂轮机是一种以高速旋转的砂轮来磨削金属工具的机具。常用规格按砂轮直径分为 150 mm、250 mm、300 mm 等几种。

（2）手砂轮

手砂轮是钣金工常用的一种磨削工具，主要用于磨削飞边、毛刺及磨平焊口。有风动和电动两种类型。砂轮直径有 150 mm、80 mm、40 mm 三种。

（3）平板

平板大都是用铸铁制造的。主要用途是为校平板料提供一个平面。常用的平板有以下几种规格：600 mm×1 000 mm、800 mm×1 200 mm、1 500 mm×3 000 mm。

（4）方杠和圆杠

方杠即为长方形的钢棒，主要用于板料的咬接工作。圆杠是圆形的低碳钢或中碳钢棒，主要用于制造空心圆部件。

（5）铁砧

用铸铁制成，供薄板冲孔时做垫铁，以及制造手工工具时用来打制冲子、线痕錾等。

（6）拐针

用碳钢制造，适用于小件的咬接等工作，无统一规格，需自制。

3. 钣金加工主要设备

（1）下料设备

普通剪床、数控剪床、激光切割机、数控冲床。

（2）成形设备

普通冲床、网孔机、折床和数控折床。

（3）焊接设备

氩弧焊机、二氧化碳气体保护焊机、点焊机、机器人焊机。

（4）表面处理设备

拉丝机、喷砂机、抛光机、电镀槽、氧化槽烤漆线。

（5）调形设备

校平机。

三、画展开图的基本方法

把构件的立体表面按实际形状和大小、依次摊平画在一个平面上称为立体表面的展开。展开后获得的平面图形称为构件的展开图。展开的基本方法有平行线法、放射线法和三角形法三种。

1. 平行线展开法

平行线展开法主要用于表面素线相互平行的立体，首先将立体表面用相互平行的素线分割为若干平面，以这些相互平行的素线为骨架，依次作出每个平面的实形，以构成展开图。下面以圆管件为例，说明作图方法。

例1　作斜切圆管的展开，如图1—10所示。

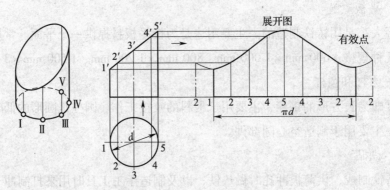

图1—10　斜切圆管的展开

画出斜切圆管的主视图和俯视图。八等分俯视图圆周，等分点为1、2、3…。由各等分点向主视图引素线，得与上口交点为1′、2′、3′…。则相邻两素线组成一个小梯形，每个小梯形近似一个小平面。延长主视图的下口线作为展开的基准线，将圆管正截面（即俯视图）的圆周展开在延长线上，得1、2、3…1各点。过延长线上各分点引上垂线（即为圆管素线），与由主视图1′~5′各点向右所引水平线对应交点连接成光滑曲线，即为展开图。

2. 放射线展开法

放射线展开法适用于表面素线相交于一点的锥体，将锥面表面用呈放射形的素线，分割成共顶的若干三角形小平面，求出其实际大小后，以这些放射形素线为骨架，依次将它们画在同一平面上，就得所求锥体表面的展开图。下面以正圆锥为例，说明其作图方法。

例2　正圆锥的展开。

正圆锥的特点是表面所有素线长度相等，圆锥母线为它们的实长线，展开图为一扇形。

展开时，先画出圆锥的主视图和锥底断面图，并将底断面半圆周分为若干等份。过等分点向圆锥底口引垂线得交点，由底口线上各交点向锥顶S连素线，即圆锥面划分为12个三角形小平面，如图1—11a所示。再以S为圆心、S—7长为半径画圆弧1—1等于底断面圆周长，连接1、1于S，即得所求展开图，如图1—11b所示。若将展开图圆弧上各分点与S连接，便是圆锥表面素线在展开图上的位置。

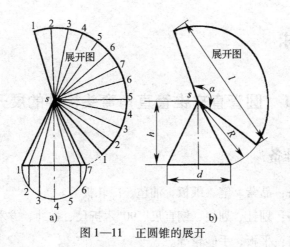

图 1—11 正圆锥的展开

3. 三角形展开法

三角形展开法是以立体表面素线（棱线）为主，并画出必要的辅助线，将立体表面分割成一定数量的三角形平面，然后求出每个三角形的实形，并依次画在平面上，从而得到整个立体表面的展开图。三角形展开法适用于各类形体，只是精确程度有所不同。

例 3 四棱锥筒的展开。

画出四棱锥筒的主视图和俯视图。在俯视图上依次连出各面的对角线 1—6、2—7、3—8、4—5，并求出它们在主视图的对应位置，则锥筒侧面被划分为 8 个三角形。由主、俯两视图可知，锥筒的上口、下口各线在视图中反映实长，而 4 条棱线及对角线不反映实长，可用直角三角形法求其实长（见实长图）。利用各线实长，以视图上已划定的排列顺序，依次作出各三角形的实形，即为四棱锥筒的展开图，如图 1—12 所示。

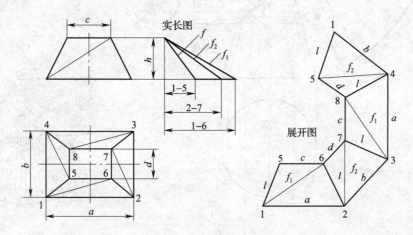

图 1—12 四棱锥筒的展开

国家职业资格培训教程

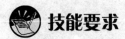

技能要求

技能1　圆管直交锥管直角弯头构件的展开划线

一、操作准备

1. 材料准备：品紫、笔、纸板、油毡、冷轧板等。
2. 工具准备：划针、划规、钢直尺、90°木折尺、样冲、方木棒、剪刀等。
3. 设备准备：平板、手砂轮等。

二、操作步骤

圆管直交锥管直角弯头构件的展开划线如图1—13所示。

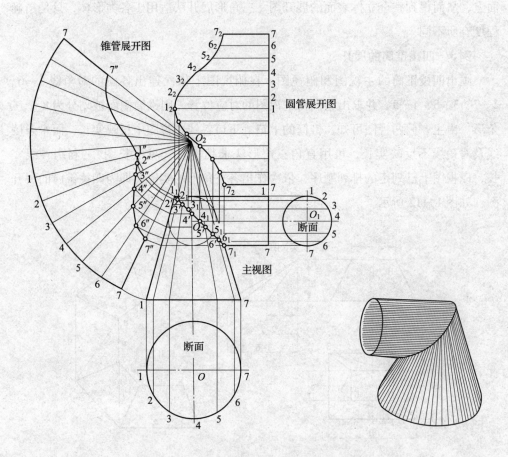

图1—13　圆管直交锥管直角弯头构件的展开

步骤 1　按已知尺寸画主视图和断面图。以 O_1 点为圆心，圆管断面画圆，分别由端面 1—7 作圆的切线交得 1_1 和 7_1 点，1_1—7_1 即为结合线。

步骤 2　将锥管断面半圆周 6 等分，由各等分点向上作垂线交锥管底端得 1…7 点，再由各点与锥顶 O_2 连线，交结合线得 2′…6′点，过各点作水平线交 1′—1 轮廓线得 2′…7′点。以 O_2 为圆心、O_2—1 为半径画圆弧，在圆弧上照录断面圆周各等分点 7″…1″…7″，由 O_2 向各点引放射线，以 O_2 为圆心、$O_2 \sim O_2$—1 轮廓线上各点长度为半径所画圆弧对应相交得 7″…1″…7″点，用圆滑曲线连接各点，即得锥管展开图。

步骤 3　将圆管断面半圆周 6 等分，过各等分点作水平线交结合线得 2_1…6_1 点。作圆管端面 7—1 的延长线，在延长线上照录断面圆周各等分点 7…1…7，过各点作水平线，与结合线上各点向上所引垂线对应相交得点 7_2…1_2…7_2，用圆滑曲线连接各点，即得圆管展开图。

三、注意事项

1. 展开方式要合理，尽可能减小不必要的工序及考虑加工方便性。
2. 作展开图时，划规的脚尖要保持锋利，以保证划出清晰、准确的线条。

技能 2　三节等径 90°弯头构件的展开划线

一、操作准备

1. 材料准备：品紫、笔、纸板、油毡、冷轧板 SPCC 等。
2. 工具准备：划针、划规、钢直尺、角度量具、样冲、锤子、方木棒、剪刀等。
3. 设备准备：平板、手砂轮等。

二、操作步骤

三节等径 90°弯头构件的展开如图 1—14 所示。

步骤 1　求结合线，将 90°直角分为 4 份，首、尾节各为 1 份，中间节为 2 份，即 $\alpha = \dfrac{90°}{4} = 22.5°$，其他节以此类推。

步骤 2　将断面半圆周 6 等分，得点 1、2、…、7，由各等分点向上作垂线交结合线得 1′、2′、…、7′点，再由这些点作 7″—7′轮廓线的平行线，在另一结合线上交得 1″、2″、…、7″点。

步骤 3　作 1—7 的延长线，在延长线上照录断面半圆周各等分点，得 1…7…1

点，过各点向上作垂线与结合线上各点所引水平线对应相交得 $1°…7°…1°$ 点，将得点用圆滑曲线连接，即得首节（尾节）展开图。

步骤4 作中节平分线 $V_1—V_1$ 并延长（此线为中节基准线），在延长线上截取断面圆周各等分点 $7…1…7$，过各点作 $V_2—V_2$ 线的垂直线与结合线上各点所引 $V_2—V_2$ 的平行线相交得 $7°…1°…7°$ 点，用圆滑曲线连接各点，即得中节展开图。

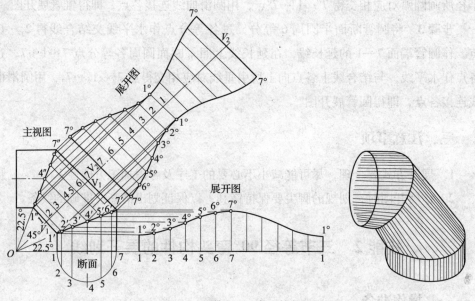

图1—14　三节等径90°弯头构件的展开

三、注意事项

1. 此构件在制造工艺允许的情况下，为节约用料，可将各节的接缝错开180°布置，则三节的展开图拼画在一起时为一矩形。

2. 为了使展开图圆弧曲线部分更接近真实状态，在将断面半圆周等分时，等分数越多，划出的圆弧曲线就越真实。

技能3　圆方连接管构件的展开划线

一、操作准备

1. 材料准备：品紫、笔、纸板、油毡、冷轧板SPCC等。

2. 工具准备：划针、划规、钢直尺、角度量具、样冲、锤子、方木棒、剪刀等。

3. 设备准备：平板、手砂轮等。

二、操作步骤

由图 1—15 所示圆方连接管构件的投影图可看出，上圆周直径等于方管的边长，构件是由 4 个锥曲面和 4 个三角形平面组成的，具体展开图作法如下：

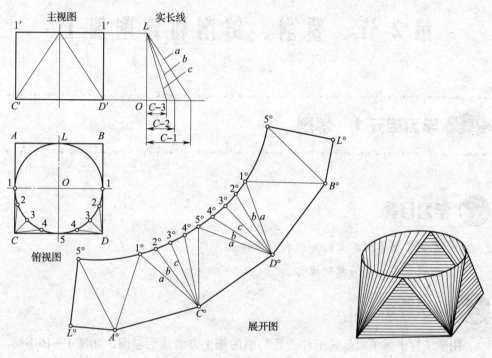

图 1—15　圆方连接管构件的展开

步骤 1　按已知尺寸画主视图和俯视图。将俯视图半圆周 8 等分，各等分点分别与 C 和 D 连线。

步骤 2　作 $1'—1'$、$C'—D'$ 线的延长线，在延长线上作一垂直线交得 L 和 O 点，在 $D'—O$ 延长线上照录俯视图的 $C—1$、$C—2$、$C—3$，得点与 L 连线，得实长线 a、b、c。

步骤 3　作一直线，截取 $C°—D°$ 等于俯视图的 $C—D$，分别以 $C°$、$D°$ 为圆心，实长线 a 为半径画圆弧相交于 $5°$ 点。以 $D°$ 为圆心，实长线 a、b 和 c 为半径画同心圆弧，与以 $5°$ 为圆心，俯视图等分弧长为半径画圆弧，分别交得 $4°$、$3°$、$2°$、$1°$ 点。同样方法求出其他侧面各点，将点用直线和曲线连接，即得展开图。

三、注意事项

1. 在采用三角形作图法求实长作图时，一定要注意尺寸的准确性。

2. 锥曲面部分的展开是一个近似画法，画出的展开图会有些误差，因此在进行构件弯制成形时可能要做一定的矫正。

第2节　錾削、锯削和锉削加工

 学习单元1　錾削

 学习目标

1. 能够掌握錾削加工的知识和应用特点。

2. 能够完成油槽的錾削操作。

 知识要求

用锤子打击錾子对金属工件进行切削的加工方法称为錾削，如图1—16所示。錾削是一种粗加工，一般按所划线进行加工，平面度可控制在 0.5 mm 以内。目前，錾削工作主要用于不方便于机械加工的场合，如清除毛坯上的多余金属、分割材料、錾削平面及沟槽等。

图1—16　錾削

一、錾削的相关知识

1. 錾子种类及用途

錾子的种类及用途见表1—2。

表1—2 錾子的种类及用途

名称	特点及用途
扁錾	切削部分扁平，刃口略带弧形，用来錾削凸缘、毛刺和分割材料，应用最为广泛
尖錾	切削刃较短，切削刃两端侧面略带倒锥，防止在錾削沟槽时，錾子被槽卡住，主要应用于錾削沟槽和分割曲线形板料
油槽錾	切削刃很短并呈圆弧形。錾子切削部分制成弯曲状，便于在曲面上錾削沟槽，主要用于錾削油槽

2. 扁、尖錾的刃磨要求及刃磨方法

（1）刃磨要求

錾子的几何形状及合理的角度值要根据用途及加工材料的性质而定。

錾子楔角 β 的大小要根据被加工材料的软硬来决定。錾削较软的金属，可取 30°～50°；錾削较硬的金属，可取 60°～70°；一般硬度的钢件或铸铁，可取 50°～60°。

尖錾的切削刃长度应与槽宽度相对应，两个侧面间的宽度应从切削刃起向柄部逐渐变狭，使錾槽时能形成 1°～3° 的副偏角，以避免錾子在錾槽时被卡住，同时保证槽的侧面錾削平整。

切削刃要与錾子的几何中心线垂直，且应在錾子的对称平面上。扁錾的切削刃可略带弧形，其作用是在平面上錾去微小的凸起部分时切削刃两边的尖角不易损伤平面的其他部分。錾子的前后面要光洁、平整。

（2）刃磨方法

錾子楔角的刃磨方法如图1—17所示，双手握持錾子，在砂轮的轮缘上进行刃

磨。刃磨时必须使切削刃高于砂轮机水平中心线，在砂轮全宽上做左右移动，并要控制錾子的方向、位置，保证磨出所需要的楔角值。刃磨时加在錾子上的压力不宜过大，左右移动要平稳、均匀，并要经常蘸水冷却，以防退火。

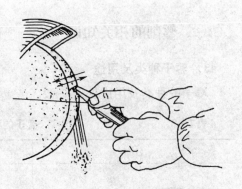

图1—17　錾子刃磨

3. 油槽錾的合理几何形状和刃磨要求

油槽錾的切削刃的形状和油槽錾的形状刃磨一致。其楔角大小要根据被錾削材料的性质而定，在铸铁上錾油槽，楔角可取 60°～70°。錾子的后面（圆弧面），其两侧应逐步向后缩小，保证錾削时切削刃各点都能形成一定的后角，并且后面应用油石进行修光，以使錾出的油槽表面较为光洁。在曲面上錾油槽的錾子，为保证錾削过程中的后角基本一致，其錾体前部应锻成弧形。此时，錾子圆弧刃刃口的中心点仍应在錾体中心线的延长线上，使錾削时的锤击作用力方向能朝向刃口的錾削方向。

二、油槽錾削加工方法

根据油槽的位置尺寸划线，可按油槽的宽度划两条线，也可只划一条中心线。在平面上錾油槽，起錾时錾子要慢慢地加深至尺寸要求，錾到尽头时刃口必须慢慢翘起来，保证槽底面圆滑过渡。在曲面上錾油槽，錾子的倾斜情况应随着曲面而变动，使錾削时的后角保持不变。油槽錾好后，再修去槽边毛刺，如图1—18所示。

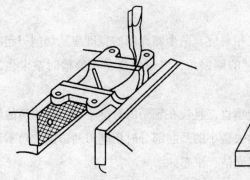
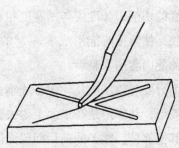

图1—18　油槽錾的应用

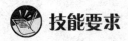

技能要求

技能1　一般平面的錾削加工

一、操作准备

1. 材料准备：Q235 钢，60 mm×50 mm×30 mm。

2. 工具准备：扁錾、锤子、钢直尺、软钳口铁、游标高度尺。

3. 设备准备：砂轮机、台虎钳。

二、操作步骤

步骤1　检查毛坯件尺寸。

步骤2　用扁錾并用较大的錾削量先錾去 A 面的各槽间的凸起部分，如图 1—19 所示；在基本錾平后，再作一次细錾修整，使平面度误差小于 0.6 mm，且錾痕整齐、方向一致。

步骤3　以 A 面为基准划出尺寸为 26 mm 的加工线。

步骤4　按实习件的形体要求錾去中间部分，达到尺寸（26 ± 0.2）mm 的要求，并使平面的平面度误差小于 0.5 mm。

步骤5　錾去两端 30 mm 凸台面上氧化皮，并保证需要尺寸 30 mm。

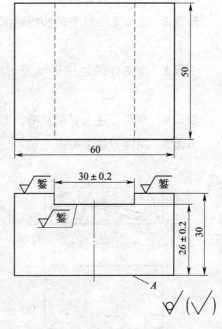

图 1—19　錾削平面

步骤6　复检、修整。

三、注意事项

1. 工件夹紧，伸出钳口高度一般以 10～20 mm 为宜。同时下面加木垫块，台虎钳加软钳口保护工件。

2. 一次錾削量不宜过大，錾子后角要适宜。

3. 錾削大平面须开槽。

技能 2　在铸件上錾削油槽

一、操作准备

1. 材料准备：毛坯 HT150，规格 85 mm×65 mm×25 mm。
2. 工具准备：油槽錾、锤子、划针、粉笔、钢直尺。
3. 设备准备：砂轮机、台虎钳。

二、操作步骤

步骤 1　检查毛坯件尺寸。

步骤 2　按加工图样上的油槽断面形状和尺寸要求刃磨油槽錾，并修磨完整刃口。

步骤 3　按图样的油槽形状及尺寸，在长方体铸铁两侧面上划出油槽加工线。

步骤 4　在实习件上錾削油槽，如图 1—20 所示。

步骤 5　用锉刀修去槽边毛刺。

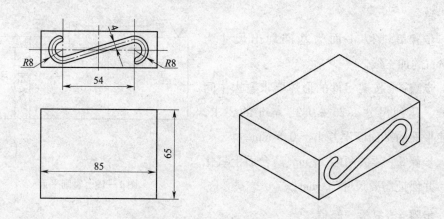

图 1—20　錾削 S 形油槽

三、注意事项

1. 錾油槽的圆弧面应刃磨光洁圆滑，其刃口形状应与油槽断面的要求相符，使錾削后能得到宽、深符合要求的光洁、圆滑的油槽。可先在废件上作试錾检查，在符合要求后再在工件上錾削。

2. 在油槽錾削中要保持錾削角度一致，采用腕挥法锤击，锤击力量均匀，使錾出的油槽深浅一致，槽面光滑。

3. 錾油槽一般要求一次成形，必要时可进行一定的修整。如在錾削中发现錾削方向开始偏离要求或槽深发生变化等倾向，必须及时加以纠正。

技能 3　在轴瓦上錾削油槽

一、操作准备

1. 材料准备：旧轴承。

2. 工具准备：油槽錾、锤子、划针、粉笔、钢直尺。

3. 设备准备：砂轮机、台虎钳。

二、操作步骤

步骤 1　涂色划线，如图 1—21 所示。

步骤 2　刃磨油槽錾，其圆弧面应刃磨光滑，刃口形状应与油槽断面形状相符，两侧逐步向后缩小，如图 1—22 所示。

步骤 3　錾削。錾子的倾斜情况应随着曲面而变化，使錾削时的后角保持不变，如图 1—23 所示。

图 1—21　涂色划线

图 1—22　油槽錾刃磨

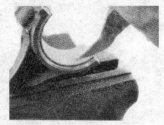
图 1—23　錾油槽

步骤 4　用锉刀修毛刺。

三、注意事项

1. 保持錾削角度一致性，采用腕挥法锤击，锤击力量均匀，油槽深浅一致，槽面光滑。

2. 及时纠正槽偏斜或深浅不一致等倾向。

学习单元 2　锯削

 学习目标

1. 能够理解锯削加工的相关知识和锯削的应用。
2. 能够掌握各种材料锯削的方法。

 知识要求

用手锯对材料或工件进行切断或切槽等的加工方法称为锯削，如图 1—24 所示。锯削是一种粗加工，平面度一般可控制在 0.2 mm 之内。它具有操作方便、简单、灵活的特点，应用较广。锯削的应用如图 1—25 所示。

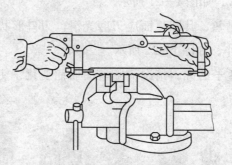

图 1—24　锯削

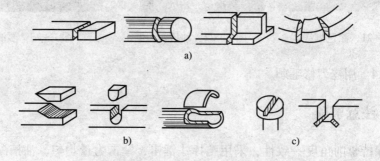

图 1—25　锯削的应用
a）切断　b）挖断　c）开槽

一、锯削相关知识

1. 手锯握法

右手满握锯柄，左手轻扶在锯弓前端，如图 1—24 所示。

2. 锯削姿势

锯削时的站立位置和身体摆动姿势与锉削基本相似，摆动要自然。

3. 压力

锯削运动时，推力和压力由右手控制，左手主要配合右手扶正锯弓，压力不要过大。手锯推出时为切削行程，应施加压力，返回行程不切削，不加压力做自然拉回。工件将断时压力要小。

4. 运动和速度

锯削运动一般采用小幅度的上下摆动式运动，即手锯推进时，身体略向前倾，双手随着压向手锯的同时，左手上翘，右手下压，回程时右手上抬，左手自然跟回。对锯缝底面要求平直的锯削，必须采用直线运动。锯削运动的速度一般为 40 次/min 左右，锯削硬材料可慢些，锯削软材料可快些。同时，锯削行程应保持均匀，返回行程的速度应相对快些。

5. 锯削操作方法

（1）工件的夹持

工件一般应夹在台虎钳的左面，以便操作；工件伸出钳口不应过长（应使锯缝离开钳口侧面约 20 mm），防止工件在锯削时产生振动；锯缝线要与钳口侧面保持平行（使锯缝线与铅垂线方向一致），便于控制锯缝不偏离划线线条；夹紧要牢靠，同时要避免将工件夹变形和夹坏已加工面。

（2）锯条的安装

手锯是在前推时才起切削作用的，因此，锯条安装应使齿尖的方向朝前（见图 1—26a），如果装反了（见图 1—26b），则锯齿前角为负值，就不能正常锯削了。在调节锯条松紧时，翼形螺母不宜旋得太紧或太松：太紧时锯条受力太大，在

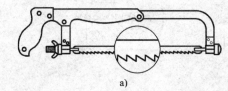
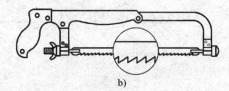

图 1—26　锯条安装

a）正确　b）不正确

锯削中用力稍有不当，就会折断；太松则锯削时锯条容易扭曲，也易折断，而且锯出的锯缝容易歪斜。其松紧程度以用手扳动锯条，感觉硬实即可。锯条安装后，要保证锯条平面与锯弓中心平面平行，不得倾斜和扭曲，否则，锯削时锯缝极易歪斜。

（3）起锯方法

起锯是锯削工作的开始，起锯质量的好坏直接影响锯削质量。如果起锯不当，一是常出现锯条跳出锯缝将工件拉毛或者引起锯齿崩裂，二是起锯后的锯缝与划线位置不一致，将使锯削尺寸出现较大偏差。起锯有远起锯（见图1—27a）和近起锯（见图1—27c）两种。起锯时，左手拇指靠住锯条，使锯条能正确地锯在所需要的位置上，行程要短，压力要小，速度要慢。起锯角θ在15°左右。如果起锯角太大，则起锯不易平稳，尤其是近起锯时锯齿会被工件棱边卡住引起崩裂（见图1—27b）。但起锯角也不宜太小，否则，由于锯齿与工件同时接触的齿数较多，不易切入材料，多次起锯往往容易发生偏离，使工件表面锯出许多锯痕，影响表面质量。一般情况下采用远起锯较好，因为远起锯锯齿是逐步切入材料，锯齿不易被卡住，起锯也较方便。如果用近起锯而掌握不好，锯齿会被工件的棱边卡住，此时也可采用向后拉手锯作倒向起锯，使起锯时接触的齿数增加，再作推进起锯就不会被棱边卡住。起锯后锯到槽深2~3 mm，此时锯条已不会滑出槽外，左手拇指可离开锯条，扶正锯弓逐渐使锯痕向后（向前）成为水平，然后往下正常锯削。正常锯削时应使锯条的全部有效齿在每次行程中都参加锯削。

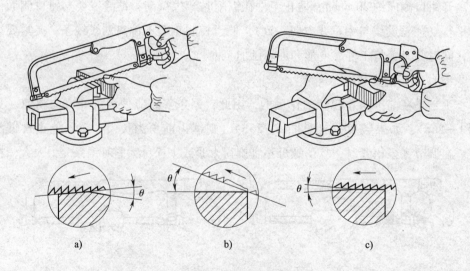

a)　　　　　　　　　　b)　　　　　　　　　　c)

图1—27　起锯方法

a）远起锯　b）起锯角太大　c）近起锯

二、锯削的加工方法

1. 棒料锯削

若锯削的断面要求平整，则应从开始连续锯断；若锯出的断面要求不高时，可分几个方向锯下。

2. 管子锯削

锯削管子前，可划出垂直于轴线的锯削线。锯削对划线的精度要求不高时，可用纸条按锯削尺寸绕住工件的外圆，然后用划石划出。

锯削薄壁管子时不可在同一个方向从开始连续锯削到结束，否则锯齿会被管壁钩住而崩裂。应沿推锯方向不断转锯。

3. 薄板料锯削

锯削时尽可能从宽面上锯下去。当只能在板料的狭面上锯下去时，可用两块木板夹持，连木块一起锯下，避免锯齿被钩住，同时也增加了板料的刚度，锯削时不发生颤动。也可以把薄板料直接夹在台虎钳上，用手锯做横向斜推锯，使锯齿与薄板接触的齿数增加，避免锯齿崩裂。

4. 深缝锯削

当锯缝的深度超过锯弓的高度时，应将锯条转过 90°重新装夹，使锯弓转到工件的旁边，当锯弓横下来其高度仍不够高时，也可把锯条装夹成锯齿朝内进行锯削。

 技能要求

技能 1　普通材料锯削

一、操作准备

1. 材料准备：45 钢毛坯件，ϕ50 mm。
2. 工具准备：锯弓、锯条、划针、钢直尺等。
3. 设备准备：台虎钳。

二、操作步骤

步骤 1　检查来料尺寸。

步骤2 按图样尺寸（见图1—28）对实习件划出锯削线。

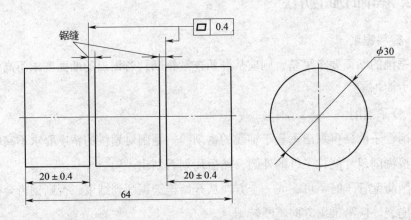

图1—28 锯削工件

步骤3 按锯削棒料方法锯下第一段，达到尺寸（20±0.4）mm，锯削断面平面度在0.4 mm以内，并保证锯痕整齐。

步骤4 按照第一段锯削方法依次锯削其余两段。

步骤5 复检各段尺寸。

三、注意事项

1. 必须锯下一段后再划另一段锯削加工线，以确保每段尺寸精度要求。

2. 锯削后的工件要去除毛刺，以免影响划线精度。

3. 要随时注意锯缝的平直情况，及时纠正。

技能2 薄板锯削

一、操作准备

1. 材料准备：薄板料。

2. 工具准备：锯弓、锯条（细齿）、游标高度尺、钢直尺和木料。

3. 设备准备：台虎钳。

二、操作步骤

步骤1 薄板划线，如图1—29所示。

图1—29 薄板划线

步骤 2　薄板夹持，如图 1—30 所示。

步骤 3　薄板锯削，如图 1—31 所示。

图 1—30　薄板夹持

图 1—31　薄板锯削

三、注意事项

横向斜推锯，使锯齿与薄板接触齿数增加，避免崩齿。

技能 3　其他材料锯削

一、操作准备

1. 材料准备：管子、角钢、槽钢。

2. 工具准备：锯弓、锯条（细齿）、游标高度尺、划针、油性笔、钢直尺和木料等。

3. 设备准备：台虎钳。

二、操作步骤

（一）管子锯削

步骤 1　划线（见图 1—32）。用纸张将管子缠上 2 ~ 3 圈，再沿纸边用划石或划针划线。

图1—32　管子划线

步骤2　管子的夹持，如图1—33所示。

步骤3　管子锯削，包括横向锯削（见图1—34）和纵向锯削（见图1—35），横向锯削时要沿推锯方向不断转动管子，如图1—36所示，直到锯断为止。

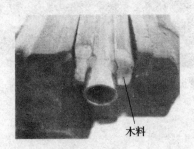

图1—33　管子夹持　　　　　　图1—34　管子横向锯削

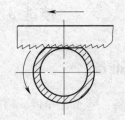

图1—35　管子纵向锯削　　　1—36　管子横向锯削方法

（二）深缝锯削

步骤1　划线，如图1—37所示。

步骤2　夹持，如图1—38所示。

步骤3　锯削。当锯缝的深度超过锯弓的高度时，应将锯条转过90°重新装夹，使锯弓转到工件的旁边（见图1—39），当锯弓横下来其高度仍不够高时，也可把锯条装夹成使锯齿朝向锯内进行锯削。

图 1—37　深缝划线　　　　　　　　图 1—38　深缝夹持

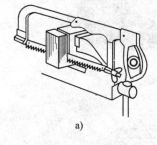

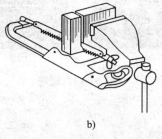

a)　　　　　　　　　　b)　　　　　　　　　　c)

图 1—39　深缝锯削方法

（三）角钢和槽钢的锯削

步骤 1　划线，如图 1—40 所示。

步骤 2　夹持，如图 1—41 所示。

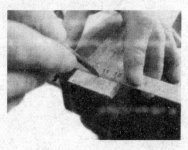

图 1—40　角钢划线　　　　　　　　图 1—41　角钢夹持

步骤 3　锯削。图 1—42a 所示为角钢锯削、图 1—42b 所示为槽钢锯削，锯削顺序如图 1—43 所示。

三、注意事项

1. 不能从一个方向锯到底，否则容易损坏锯条和使锯齿崩裂。

2. 保持锯缝轨迹不变。

3. 锯削中加润滑油。

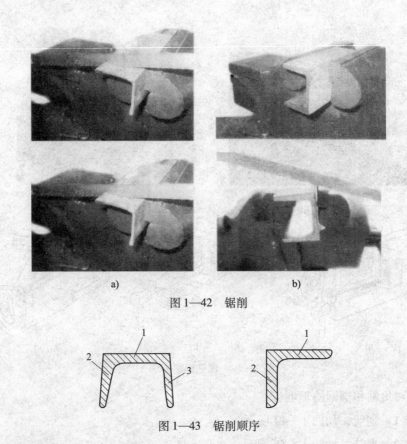

a)　　　　　　　　　　　b)

图1—42　锯削

图1—43　锯削顺序

学习单元3　锉削

学习目标

1. 能够掌握锉削加工的知识和应用特点。
2. 能够掌握一般的锉削操作技能。

知识要求

一、锉削的基本知识

1. 锉刀柄的装拆方法

锉刀柄的装拆方法如图1—44所示。

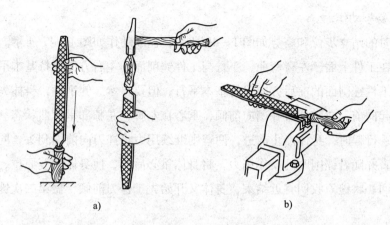

a)　　　　　　　　　　　　　　　　b)

图 1—44　锉刀柄的装拆

2. 平面锉削的姿势

锉削姿势正确与否，对锉削质量、锉削力的运用和发挥以及操作者的疲劳程度都起着决定性的影响。锉削姿势的正确掌握，必须从握锉、站立步位和姿势动作以及操作力这几方面进行，协调一致地反复练习才能达到。

（1）锉刀的握法

大于 250 mm 平板锉的握法如图 1—45a 所示。右手紧握锉刀柄，柄端抵在拇指根部的手掌上，拇指放在锉刀柄上部，其余手指由下而上地握着锉刀柄；左手的基本握法是将拇指根部的肌肉压在锉刀头上，拇指自然伸直，其余四指弯向手心，用中指、无名指捏住锉刀前端。此外，还有两种左手的握法，如图 1—45b、c 所示。锉削时右手推动锉刀并决定推动方向，左手协同右手使锉刀保持平衡。

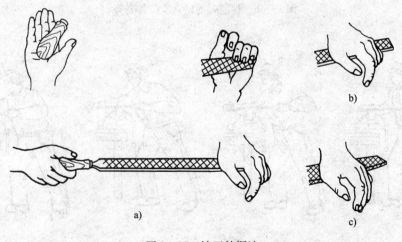

a)　　　　　　　　　　　　　b)　　　　　　　　　c)

图 1—45　锉刀的握法

（2）姿势动作

锉削时的站立步位和姿势如图1—46所示，锉削动作如图1—47所示。两手握住锉刀放在工件上面，左臂弯曲，小臂与工件锉削面的左右方向保持基本平行，右手臂要与工件锉削面的前后方向保持基本平行，但要自然。锉削时，身体先于锉刀并与之一起向前，右脚伸直并稍向前倾，重心在左脚，左膝部呈弯曲状态。当锉刀锉至约3/4行程时，身体停止前进，两臂则继续用力将锉刀向前锉到头，同时，左脚自然伸直并随着锉削时的反作用力，将身体重心后移，使身体恢复原位，并顺势将锉刀收回。将锉刀收回将近结束，身体又开始先于锉刀前倾，做第二次锉削的向前运动。

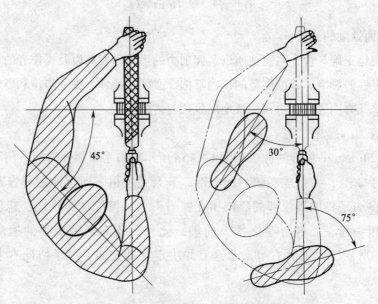

图1—46　锉削时的站立步位和姿势

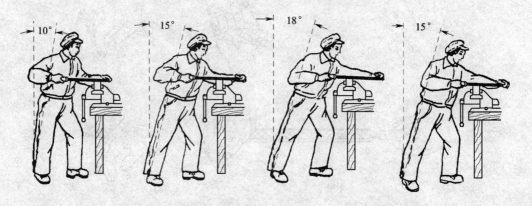

图1—47　锉削动作

3. 锉削时两手的用力和锉削速度

要锉出平直的平面，必须使锉刀保持直线的锉削运动。为此，锉削时右手压力要随锉刀推动而逐渐增加，左手的压力要随锉刀推动而逐渐减小，如图1—48所示。回程时不加压力，以减少锉刀的磨损。

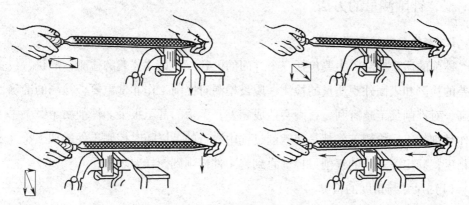

图1—48 锉平面时的两手用力

锉削速度一般应在40次/min左右，推出时稍慢，回程时稍快，动作要自然协调。

4. 平面的锉法

（1）顺向锉法

如图1—49a所示，锉刀运动方向与工件夹持方向始终一致。在锉宽面时，为使整个加工表面能均匀地锉削，每次退回锉刀时应做适当的移动。顺向锉法的锉纹整齐一致，比较美观。

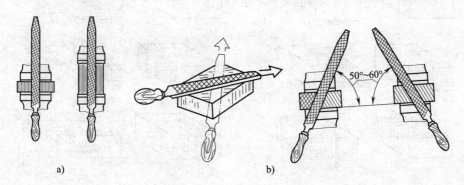

图1—49 平面的锉法

a）顺向锉法 b）交叉锉法

（2）交叉锉法

如图1—49b所示，锉刀运动方向与工件夹持方向成30°~40°角，且锉纹交叉。

由于锉刀与工件的接触面大，锉刀容易掌握平稳，同时，从锉痕上可以判断出锉削面的高低情况，便于不断地修正锉削部位。交叉锉法一般适用于粗锉，精锉时必须采用顺向锉，使锉痕变直，纹理一致。

二、锉削测量的方法

1. 形位公差和测量方法

锉削的质量检测，主要包括三个方面的内容：即尺寸公差的检测，形状、位置公差的检测和表面外观质量的检测。质量检测对锉削工作非常重要，检测的准确性越高，对锉削加工越有利，否则会造成超差，严重的甚至报废。锉削属于钳工手工操作精细加工，检测工作都是在锉削过程中进行的，以随时控制工件的加工尺寸及其精度，确定下一步的锉削目标，直到将工件锉削到图样要求为止。

（1）尺寸与角度的检测

钳工锉削工件时常用的量具是游标卡尺和千分尺，如图1—50所示。检测间隙值时采用塞尺，检测圆弧面时常用半径尺规，检测角度时则采用万能角度尺，检测出的尺寸必须要精确无误。由于检修钳工在日常工作中用精密量具的时候不多，尤其是万能角度尺这类量具，这就要求经常加以练习，掌握正确的测量方法，提高测量的准确程度。

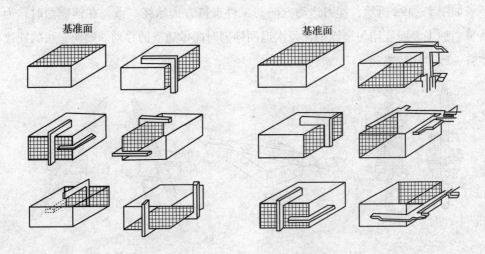

基准面　　　　　　　　　　　　　　　基准面

图1—50　检测尺寸、平行度及垂直度

（2）平行度的检测

平行度经常使用游标卡尺和千分尺来测量，有时也采用百分表配合检验平台及其他辅助工具进行测量，如图1—50所示。

（3）垂直度的检测

用宽座角尺检查工件垂直度前，应用锉刀将工件的锐边倒钝。检查时要掌握以下几点：

1）先将90°角尺尺座的测量面紧贴工件基准面，然后从上逐步轻轻向下移动，使90°角尺尺瞄的测量面与工件的被测表面接触（见图1—51a），眼睛平视观察其透光情况，以此来判断工件被测面与基准是否垂直。检查时，90°角尺不可斜放，如图1—51b所示，否则检查结果不准确。

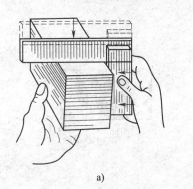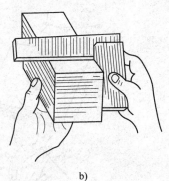

a)   b)

图1—51 用宽座角尺检查工件垂直度

a) 正确 b) 不正确

2）在同一平面上改变检查位置时，90°角尺不可在工件表面上拖动，以免磨损影响角尺本身精度。

（4）平面度、直线度的检测

锉削时检测平面度和直线度经常使用的方法主要有两种：一是透光法，二是研磨法。

1）透光法。如图1—52a所示，将工件擦净后用刀口形直尺（精度应在二级以上）或钢直尺靠在工件被测表面上（钢直尺只能用于粗测），查看尺与工件表面贴合部位的透光情况。如刀口形直尺、钢直尺与工件表面透光微弱而均匀，则表明该平面的平面度和直线度较好；如透光强弱不一，则表明该面高低不平，如图1—52b所示。检查时应在工件的横向、纵向和对角线方向多处进行，如图1—52c所示。

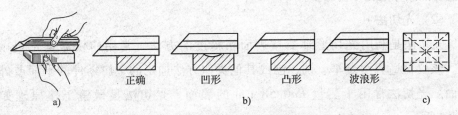

正确   凹形   凸形   波浪形

a)   b)   c)

图1—52 用刀口形直尺、钢直尺检测平面度与直线度

2）研磨法。如图1—53所示，在平板上涂一层极薄的红丹粉（已混合好的）或蓝油，然后把锉削工件放在平板上，让锉削面与平板面接触，均匀轻微地摩擦几下。如果锉削面着色均匀，说明已达到了平面度与直线度的一定要求了，其精度按研点的分布情况和图样要求判断。呈灰色点是高处，没有着色部位是凹处，高处点与凹处越少则说明表面高低不平，灰色点数越多、越密集，说明平面越平。

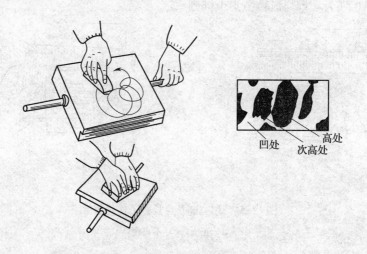

图1—53　研磨法测平面度与直线度

2. 粗糙度检测仪器及检测方法

零件表面上这种具有间距较小的峰谷所形成的微观几何形状的特征称为表面粗糙度。检测表面粗糙度一般用眼睛直接观察，为鉴定准确，应使用表面粗糙度样规来比照检查。而外观检查则采用目测，锉削表面应纹理清晰、无凸凹痕及疤痕。表面粗糙度的检测方法有以下几种：

（1）比较法

比较法就是将被测零件表面与粗糙度样板用肉眼或借助放大镜和手摸感触进行比较，从而估计出表面粗糙度。其优点是使用简便，适宜于车间检验。缺点是精度较差，只能作定性分析比较。

（2）光切法

光切法是利用光切原理测量表面粗糙度的方法。常用的仪器是光切显微镜。该仪器适宜测量车、铣、刨或其他类似方法加工的金属零件的平面或外圆表面。光切法常用于测量 $Ra0.58$ μm 的表面。光切法显微镜工作原理如图1—54所示。

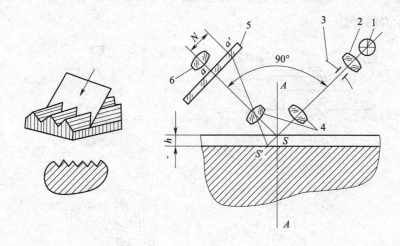

图1—54 光切法显微镜工作原理

1—光源 2—聚光镜 3—狭缝 4—物镜 5—分划板 6—目镜

光切显微镜由两个镜管组成，一个为投射照明镜管，另一个为观察镜管，两光管轴线成90°夹角，如图1—54所示。从光源发出的光线经聚光镜2、狭缝3及物镜4后，在被测工件表面形成一束平行的光带。这束光带以45°的倾斜角投射到具有微小峰谷的被测表面上，并分别在被测表面波峰 S 和波谷 S' 处产生反射。通过观察镜管的物镜，分别成像在分划板上的 a 与 a' 点，从目镜中就可以观察到一条与被测表面相似的弯曲的弯曲亮带。通过分划板与测微器，在垂直于轮廓镜像的方向上，可测出 aa' 之间的距离 N，则被测表面的微观不平度的峰至谷的高度 h 为

$$h = \frac{N}{V}\cos45° = \frac{N}{\sqrt{2}V}$$

式中 V——观察镜管的物镜放大倍数。

（3）针触法

针触法是通过针尖感触被测表面微观不平度的截面轮廓的方法，它实际上是一种接触式电测量方法。所用测量仪器为轮廓仪，它可以测定的表面粗糙度值达 $Ra0.0255\ \mu m$。该方法测量范围广、快速可靠、操作简便并易于实现自动测量和微机数据处理，但被测面易被触针划伤。

图1—55a所示为电感式轮廓仪的工作原理，图1—55b所示为传感器结构原理。传感器测杆上的触针1与被测表面接触，当触针以一定速度沿被测表面移动时，由于工件表面的峰谷使传感器杠杆3绕其支点2摆动，使电磁铁心5在电感线圈4中运动，引起电感量的变化，从而使测量电桥输出电压发生相应变化，经过放

大、滤波等处理，可驱动记录装置画出被测的轮廓图形，也可经过计算机器驱动指示表显示 Ra 数值。

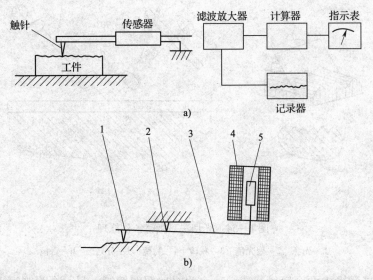

图1—55　针触法测量原理

1—触针　2—支点　3—传感器杠杆　4—电感线圈　5—电磁铁心

（4）干涉法

干涉法是利用光波原理来测量表面粗糙度的方法。常用的仪器是干涉显微镜，适于用 Rz 值来评定表面粗糙度，测量范围 $Rz = 0.05 \sim 0.8 \ \mu m$。

实际检测中，常常会遇到一些表面不便使用上述仪器直接测量的情况，如工件上的一些特殊部位和某些内表面。评定这些表面的表面粗糙度时常用印模法，它是将一些无流动性和弹性的塑性材料贴合在被测表面上，将被检测的表面轮廓复印成模，然后测量印模，以评定被测表面的表面粗糙度。

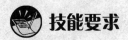 **技能要求**

技能 1　六方体的锉削加工

一、操作准备

1. 材料准备：Q235 板料 φ45 mm × 35 mm。

2. 工具准备：锉刀、宽座角尺、游标卡尺、外径千分尺、万能角度尺。

3. 设备准备：台虎钳、台钻。

二、操作步骤

六方体的加工图样如图 1—56 所示。

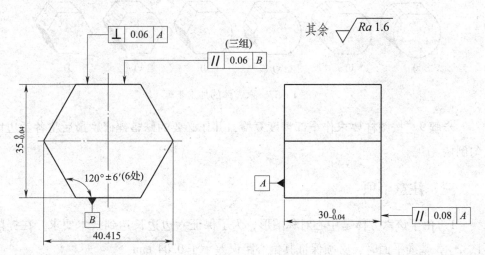

技术要求

1. 锯削面不得修锉。
2. 锐边倒圆 $R0.3\text{mm}$。

图 1—56　六方体的加工图样

步骤 1　用游标卡尺测量出坯料的实际直径尺寸 $d = \phi45$ mm。

步骤 2　粗、精锉基准 A 及其对面并达到图样要求。

步骤 3　粗、精锉第 1 面（基准 B）（见图 1—57a），达到平面度 0.05 mm、表面粗糙度 $Ra1.6$ μm，同时要保证圆柱素线至锉削面的尺寸为 $\left(35_{-0.04}^{\ 0} + \dfrac{d-35}{2}\right)$ mm。

步骤 4　粗、精锉相对面（见图 1—57b）。以第一面为基准划出相距尺寸 35 mm 的平面加工线，然后锉削，达到图样有关要求。

步骤 5　粗、精锉第三面（见图 1—57c），达到图样要求，同时要保证圆柱母线至锉削面的尺寸为 $\left(35 + \dfrac{d-35}{2}\right)$ mm，$120°$ 角的精度用万能角度尺控制。

步骤 6　粗、精锉第四面（见图 1—57d），达到图样要求，同时要保证圆柱母线至锉削面的尺寸为 $\left(35 + \dfrac{d-35}{2}\right)$ mm，及与第三面边长 b 相等。

步骤 7　粗、精锉第五面（见图 1—57e）。以第三面为基准划出相距尺寸为 35 mm 的平面加工线，然后锉削达到图样要求。

步骤8　粗、精锉第六面（见图1—57f）。以第四面为基准划出相距尺寸为 35 mm 的平面加工线，然后锉削达到图样要求。

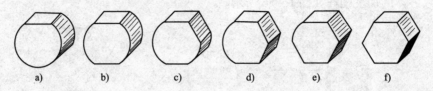

图1—57　六方体的加工步骤

步骤9　按图样要求作全部精度复检，并作必要的修整锉修，最后将各锐边均匀倒棱。

三、注意事项

1．由于该六方体是中心对称图形，为了保证六边边长达到技术要求，在锉削 1、2、3 基准平面时，必须保证其偏心距误差小于 0.04 mm。

2．边长角度样板是利用透光法检测 1、2、3 基准面边长对称度及 120°角的。检测时样板应置于工件的 1/2 厚度位置处进行，以减小其测量误差。

3．熟练地运用千分尺对工件进行精确测量。

4．在用万能角度尺测量角度时，要注意测量基准的选择，以免产生累积误差。测量时要把工件的锐边去毛刺倒钝，保证测量的准确性。

技能2　圆弧的锉削加工

一、操作准备

1．材料准备

Q235 板料 65 mm×30 mm×10 mm。

2．工具准备

划规、样冲、宽座角尺、游标卡尺、外径千分尺、R 规、万能角度尺、锉刀。

3．设备准备

台式钻床、台虎钳。

二、操作步骤

键加工图如图1—58 所示。

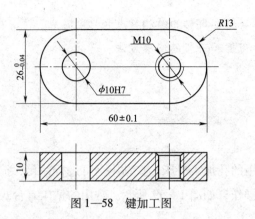

图 1—58   键加工图

步骤 1   先加工一个角作为直角基准。

步骤 2   按图样尺寸划线。

步骤 3   加工 $26_{-0.04}^{0}$ mm，保证与 A 面的平行度 0.06 mm、平面度 0.03 mm。

步骤 4   先加工一边 R13 mm 的圆弧，保证圆度 0.08 mm。

步骤 5   再加工另一边 R13 mm 圆弧，保证圆度 0.08 mm，以及长度（60 ±

0.1）mm。

步骤 6   倒钝锐边。

三、注意事项

1. 外圆弧锉削加工的步骤。

2. R 规的正确使用。

第 3 节　孔加工与螺纹加工

 学习单元 1　钻床

 **学习目标**

1. 了解常用钻床的主要结构。

2. 掌握钻床的基本操作方法和保养知识。

3. 了解标准麻花钻、群钻的结构特点和切削特点。

4. 掌握钻头的刃磨和一般的修磨方法。

 **知识要求**

一、钻床

钻床是钳工常用的孔加工机床，在钻床上可进行钻孔、扩孔、锪孔、铰孔、攻螺纹、研磨等多种操作，如图1—59所示。常用的钻床有台式钻床、立式钻床和摇臂钻床、手电钻。

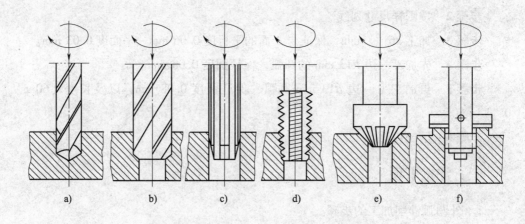

图1—59　钻床操作

a) 钻孔　b) 扩孔　c) 铰孔　d) 攻螺纹　e) 锪埋头孔　f) 锪平面

1. 台式钻床（Z4012型）

台式钻床是一种安放在作业台上、主轴垂直布置的小型钻床，简称台钻。一般最大钻孔直径为13 mm，如图1—60所示。

台钻由机头、电动机、塔式带轮、立柱、回转工作台和底座等部分组成。机头与电动机连为一体，可沿立柱上下移动，根据钻孔工件的高度，将机头调整到适当位置后，通过手柄锁紧方能进行工作。在小型工件上钻孔时，可采用回转工作台。回转工作台可沿立柱上下移动或绕立柱轴线做水平转动，也可以在水平面内做一定角度的转动，以便钻斜孔时使用。在较重的工件上钻孔时，可将回转工作台转到一侧，将工件放置在底座上进行。底座上有两条T形槽，用来装夹工件或固定夹具。在底座的4个角上有安装孔，用螺栓将其固定。一般台钻的切削力较小，可以不加螺栓固定。

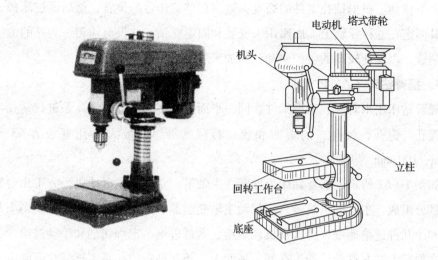

图 1—60 台式钻床

2. 立式钻床（Z525B 型）

立式钻床是主轴箱和工作台安置在立柱上、主轴垂直布置的钻床，简称立钻，如图 1—61 所示。立钻的刚度和强度高，功率较大，最大钻孔直径有 25 mm、35 mm、40 mm 和 50 mm 等几种。

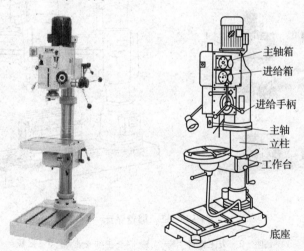

图 1—61 立式钻床

立钻由主轴变速器、电动机、进给变速器、立柱、工作台、底座和冷却系统等主要部分组成。电动机通过主轴变速器驱动主轴旋转，变换变速手柄的位置，可使主轴获得多种转速。通过进给变速器，可使主轴获得多种机动进给速度，转动进给手柄可以实现手动进给。工作台上有 T 形槽，用来装夹工件或夹具，它能沿立柱导轨做上下移动。根据钻孔工件的高度，适当调整工作台的位置，然后通过压板、螺栓将其固定在立柱导轨上。底座用来安装和固定立钻，并设有油箱，为孔的加工提供切削液，以保证较高的生产率和孔的加工质量。

3. 摇臂钻床（Z3040 型）

摇臂钻床用来对大、中型工件在同一平面内、不同位置的多孔系进行钻孔、扩孔、镗孔、锪孔、铰孔、刮端面和攻、套螺纹等。其最大钻孔直径有 63 mm、80 mm、100 mm 等几种。

如图 1—62 所示，摇臂钻床由摇臂、主轴箱、立柱、主电动机、方工作台和底座等部分组成。主电动机旋转直接带动主轴变速器中的齿轮系，使主轴获得十几种转速和十几种进给速度，可实现机动进给、微量进给、定程切削和手动进给。主轴箱能在摇臂上左右移动，加工在同一平面上、相互平行的孔系。摇臂在升降电动机驱动下能够沿着立柱轴线随意升降，操作者可手拉摇臂绕立柱转 360°，根据工作台的位置将其固定在适当的角度。方工作台面上有多条 T 形槽，用来安装中型、小型工件或钻床夹具。

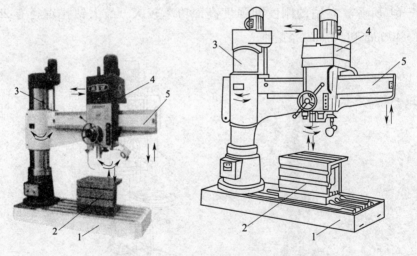

图 1—62　摇臂钻床

1—底座　2—方工作台　3—立柱　4—主轴变速箱　5—摇臂

钻床的规格标准，如摇臂钻床（Z3040 型）的含义如下：

Z—类别代号：钻床类

3—组别代号：摇臂钻床类

0—系列代号：摇臂钻床系（机床名称）

40—主参数代号：最大钻孔直径 40 mm

4．手电钻

手电钻是一种手提式电动工具，如图 1—63 所示。在修理零件和机床装配时受工件形状或加工部位的限制不能用钻床钻孔时，可使用手电钻加工。

图 1—63　手电钻

a）手提式　b）手枪式

手电钻的电源电压分单相（220 V、36 V）和三相（380 V）两种，在使用时可根据不同情况进行选择。

二、钻床夹具

1．钻夹头

钻夹头用来装夹直径为 13 mm 以内的直柄钻头，其结构如图 1—64 所示。钻夹头的安装如图 1—65 所示。

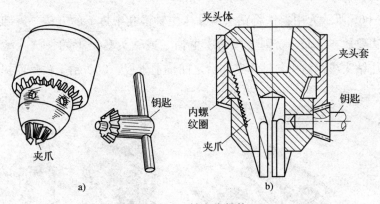

图 1—64　钻夹头结构

夹头体的上端有一锥孔，用以与夹头柄紧配，夹头柄做成莫氏锥体，装入钻床的主轴锥孔内。钻夹头中的三个夹爪用来夹紧钻头的直柄，当带有小圆锥齿轮的钥匙带动夹头套上的大圆锥齿轮转动时，与夹头套紧配的内螺纹圈也同时旋转。此内螺纹圈与三个夹爪上的外螺纹相配，于是三个夹爪便可以伸出或缩进，钻头柄被夹紧或放松。

2. 钻头套

钻头套（又称钻库、锥套）用来装夹直径为 13 mm 以上的锥柄钻头，如图 1—66a 所示。根据钻头锥柄莫氏锥度的号数选用相应的钻头，一般立式钻床主轴的锥孔为 3 号或 4 号莫氏锥度，摇臂钻床主轴的锥孔为 4 号、5 号或 6 号莫氏锥度。

当用较小直径钻头钻孔时，用一个钻头套有时不能直接与钻床主轴锥孔相配，此时就要把几个钻头套配接起来应用。

图 1—65　钻夹头安装

钻头套共有以下五种：

（1）1 号钻头套。内锥孔为 1 号莫氏锥度，外圆锥为 2 号莫氏锥度。

（2）2 号钻头套。内锥孔为 2 号莫氏锥度，外圆锥为 3 号莫氏锥度。

（3）3 号钻头套。内锥孔为 3 号莫氏锥度，外圆锥为 4 号莫氏锥度。

（4）4 号钻头套。内锥孔为 4 号莫氏锥度，外圆锥为 5 号莫氏锥度。

（5）5 号钻头套。内锥孔为 5 号莫氏锥度，外圆锥为 6 号莫氏锥度。

把几个钻头套配接起来使用时，既增加装拆的麻烦，同时也增加了钻床主轴与钻头的同轴度误差值。为此可采用特制的钻头套。特制钻头套是内锥孔为 1 号或 2 号莫氏锥度，而外圆锥为 3 号或更大号的莫氏锥度。

图 1—66b 所示为用斜铁将钻头从钻床主轴锥孔中拆下的方法。拆卸时斜铁带圆弧的一边要放在上面，否则会把钻床主轴（或钻头套）上的长圆孔敲坏，同时要用手握住钻头或在钻头与钻床工作台之间垫上木板，以防钻头跌落而损坏钻头或工作台。

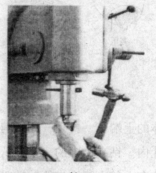

a)　　　　　　　　　　　　b)

图 1—66　钻头套和钻头的拆卸

a）钻头套　b）钻头的拆卸

三、钻头

1. 麻花钻

钻头的种类较多，如麻花钻、扁钻、深孔钻、中心钻等。其中，麻花钻是目前孔加工中应用最广泛的刀具。它主要用来在实体材料上钻削直径为 0.1 ~ 80 mm 的孔。

（1）麻花钻的组成

麻花钻一般用高速钢（W18Cr4V 或 W9Cr4V2）制成，淬火后硬度达 62 ~ 68HRC。它由柄部、颈部及工作部分组成，如图 1—67 所示。

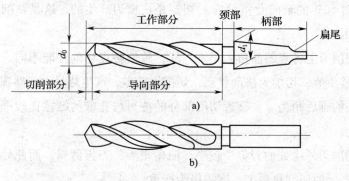

图 1—67　麻花钻构成

a）锥柄式　b）直柄式

1）柄部。柄部是钻头的夹持部分，用以定心和传递动力，有锥柄和直柄两种。一般直径小于 13 mm 的钻头做成直柄；直径大于 13 mm 的做成锥柄，具体规格见表 1—3。

表 1—3	莫氏锥柄的大端直径及钻头直径					mm
莫氏锥柄号	1	2	3	4	5	6
大端直径 d_1	12.240	17.980	24.051	31.542	44.731	63.760
钻头直径 d_0	15.5 及以下	15.6 ~ 23.5	23.6 ~ 32.5	32.6 ~ 49.5	49.6 ~ 65	65 ~ 80

2）颈部。颈部在磨制钻头时作退刀槽使用，通常钻头的规格、材料和商标也打印在此处。

3）工作部分。由切削部分和导向部分组成。

切削部分由五刃六面组成，如图 1—68 所示。

导向部分用来保持麻花钻钻孔时的正确方向并修光孔壁，重磨时可作为切削部分的后备。

两条螺旋槽的作用是形成切削刃，便于容屑、排屑和切削液输入。外缘处的两条棱带，其直径略有倒锥，用以导向和减少钻头与孔壁的摩擦。

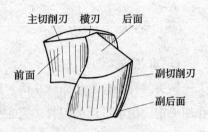

图1—68　麻花钻切削
部分的组成

（2）标准麻花钻头的缺点

通过实践证明，标准麻花钻的切削部分存在以下缺点：

1）横刃较长，横刃处前角为负值，在切削中，横刃处于挤刮状态，产生很大的轴向力，使钻头容易发生抖动，定心不良。据试验，钻削时50%的轴向力和15%的扭矩是由横刃产生的，这是钻削中产生切削热的重要原因。

2）主切削刃上各点的前角大小不一样，致使各点切削性能不同。由于靠近钻心处的前角是负值，切削为挤刮状态，切削性能差，产生热量大，磨损严重。

3）钻头的副后角为零，靠近切削部分的棱边与孔壁的摩擦比较严重，容易发热和磨损。

4）主切削刃外缘处的刀尖角较小，前角很大，刀齿薄弱，而此处的切削速度却最高，故产生的切削热最多，磨损极为严重。

5）主切削刃长，而且全宽参加切削。各点切屑流出速度和方向相差很大，会增大切屑变形，故切屑卷曲成很宽的螺旋卷，容易堵塞容屑槽，排屑困难。

（3）标准麻花钻头的修磨

由于标准麻花钻头存在以上缺点，通常要对其切削部分进行修磨，以改善切削性能。一般是按钻孔的具体要求，在以下几个方面有选择地对钻头进行修磨。

1）磨短横刃并增大靠近钻心处的前角。修磨横刃的部位如图1—69所示，修磨后横刃的长度"b"为原来的1/3～1/5，以减小轴向抗力和挤刮现象，提高钻头的定心作用和切削的稳定性。一般直径在5 mm以上的钻头均须修磨横刃，这是最基本的修磨方式。

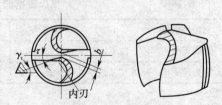

图1—69　修磨横刃

2）修磨主切削刃。修磨主切削刃的方法如图1—70所示，主要是磨出第二顶角2φ，在钻头外缘处磨出过渡刃，以增大外缘处的刀尖角，改善散热条件，增加刀齿强度，提高切削刃与棱边交界处的耐磨性，延长钻头使用寿命，减少孔壁的残留面积，有利于减小孔的表面粗糙度。

3）修磨棱边。如图 1—71 所示，在靠近主切削刃的一段棱边上，磨出副后角 γ_{o1}，并保留棱边宽度为原来的 1/3 ~ 1/2，以减少对孔壁的摩擦，提高钻头寿命。

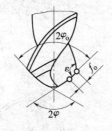

图 1—70 修磨主切削刃

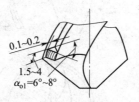

图 1—71 修磨棱边

4）修磨前面。修磨外缘处前面，如图 1—72 所示。这样可以减小此处的前角，提高刀齿的强度，钻削黄铜时，可以避免"扎刀"现象。

5）修磨分屑槽。在两个后面上磨出几条相互错开的分屑槽，以利于排屑，如图 1—73 所示。

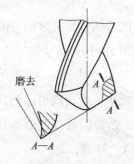

图 1—72 修磨前面

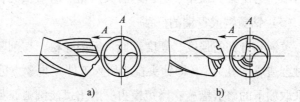

图 1—73 磨出分屑槽
a）前面开槽 b）后面开槽

2. 群钻

群钻是利用标准麻花钻头合理刃磨而成的新型钻头，其具有高生产率、高加工精度、适应性强、寿命高的特点。

（1）标准群钻

标准群钻的结构如图 1—74 所示，主要用来钻削碳钢和各种合金钢。标准群钻是在标准麻花钻上采取了如下修磨措施：磨出月牙槽、磨短横刃、磨出单边分屑槽，如图 1—75 所示。

标准群钻的形状特点是：三尖、七刃、两种槽。三尖是由于磨出月牙槽，主切削刃形成三个尖；七刃是两条外刃、两条圆弧刃、两条内刃、一条横刃；两种槽是月牙槽和单面分屑槽。

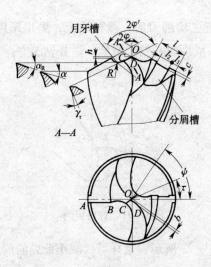

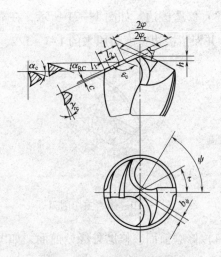

图1—74　标准群钻　　　　　　　图1—75　标准群钻的修磨

（2）钻铸铁的群钻

由于铸铁较脆，钻削时切屑呈碎块并夹杂着粉末，挤压在钻头的后面、棱边与工件之间，产生剧烈的摩擦，使钻头磨损。因此，钻铸铁的群钻可以采取如下的修磨措施：磨出第二顶角、适当地磨大后角、磨短横刃，如图1—76所示。

（3）钻黄铜或青铜的群钻

黄铜和青铜的强度、硬度较低，组织疏松，切削阻力较小，若切削刃锋利，钻削时会造成"扎刀"（即钻头自动切入工件）现象。因此，钻黄铜或青铜的群钻可以采取如下的修磨措施：磨短横刃、磨出过渡圆弧，如图1—77所示。

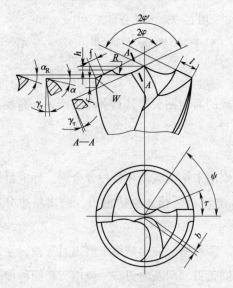

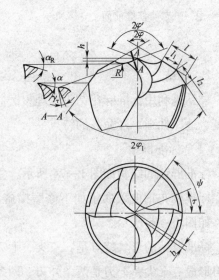

图1—76　钻铸铁群钻的修磨　　　　　图1—77　钻黄铜或青铜群钻的修磨

（4）钻薄板的群钻

在薄板上钻孔不能用标准麻花钻，这是因为标准麻花钻的钻尖较高，当钻尖钻穿孔时，钻头立即失去定心作用，同时轴向力又突然减小，加上工件弹动，使孔不圆或孔口毛边很大，甚至扎刀或折断钻头。因此，钻薄板的群钻可以采取如下修磨措施：两主切削刃磨成圆弧形切削刃、磨短、磨尖横刃，如图 1—78 所示。

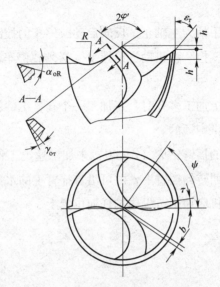

图 1—78 钻薄板的群钻的修磨

四、台钻、立钻、摇臂钻床规范操作

1. 台钻

台钻（Z4012）是一种小型钻床，一般用来加工小型工件上直径不大于 13 mm 的小孔。

（1）传动变速

由装在电动机和头架上的五级 V 带轮（一般是 A 型塔轮）和 V 带传给主轴。改变 V 带在两个塔轮五级轮槽的安装位置，可使主轴获得五级转速。

（2）钻孔

钻孔时必须使主轴做顺时针方向转动（正转），变速时必须停车。钻孔时大直径的钻头转速要慢些，小直径的钻头进刀量要小些。台钻主轴下端锥度是采用莫氏 2 号短型锥度。由于台钻的转速较高，因此，不宜在台钻上进行锪孔、铰孔和攻螺纹等加工。

2. 立钻

立钻（Z525B）是一种中型钻床，一般用来加工小型工件上直径不大于 25 mm 的孔。由于立钻可以自动进给，主轴的转速和自动进给量都有较大的变动范围，适合各种工件的钻孔、扩孔、锪孔、铰孔、攻螺纹等加工工作。

（1）主轴变速

调整两个变速手柄位置，能使主轴获得 9 级不同转速（必须在停车后进行）。

（2）进给机构

进给变速箱左侧的手柄为主轴正、反转启动或停止的控制手柄，正面有两个较短的进给变速手柄，能变换 9 种机动进给速度（必须在停车后进行）。

3. 摇臂钻床

用立钻在一个工件上加工多孔时，每加工一个孔，工件就要移动找正一次，这对于加工大型工件是非常麻烦的。

采用主轴可以移动的摇臂钻床（Z3040）来加工这类工件就比较方便。它的主轴箱装在可绕垂直立柱回转的摇臂上，并可沿着摇臂上的水平导轨往复移动。这两种运动可将主轴调整到机床加工范围内的任何位置上。

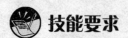 **技能要求**

技能 1　钻　头　刃　磨

一、操作准备

1. 材料准备：ϕ10 mm 钻头。

2. 工具准备：防护眼镜、角度样板。

3. 设备准备：砂轮机。

二、操作步骤

步骤 1　刃磨两主后面。右手握住钻头头部，左手握住柄部（见图 1—79a），将钻头主切削刃放平，使钻头轴线在水平面内与砂轮轴线的夹角等于顶角（2φ 为 118°±2°）的一半。将后面轻靠上砂轮圆周（见图 1—79b），同时控制钻头绕轴线做缓慢转动，两动作同时进行，且两后面轮换进行，按此反复，磨出两主切削刃和两主后面。

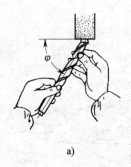 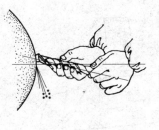

a)　　　　　　　　　　　　　　b)

图1—79　钻头刃磨时与砂轮的相对位置

a）在水平面内的夹角　b）略高于砂轮中心

步骤2 刃磨检验。如图1—80所示，用样板检验钻头的几何角度及两主切削刃的对称性。通过观察横刃斜角是否约为55°来判断钻头后角。横刃斜角大，则后角小；横刃斜角小，则后角大。

步骤3 修磨横刃。如图1—81所示，选择边缘清角的砂轮修磨，增大靠近横刃处的前角，将钻头向上倾斜约55°，主切削刃与砂轮侧面平行。右手持钻头头部，左手握钻头柄部，并随钻头修磨向逆时针方向旋转15°左右，以形成内刃，修磨后横刃为原长的1/5~1/3。

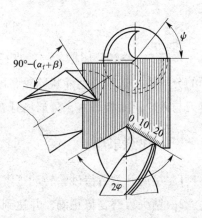

图1—80　用样板检验钻头刃磨角度

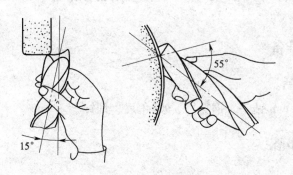

图1—81　横刃修磨方法

步骤4 修磨圆弧刃。如图1—82所示，将钻头主切削刃水平放置，钻头轴线与砂轮侧面夹角约为内刃顶角的一半，钻尾向下与水平面的夹角约等于圆弧刃后角15°。将钻头缓慢而平稳地推向前磨削，并做微量摆动。

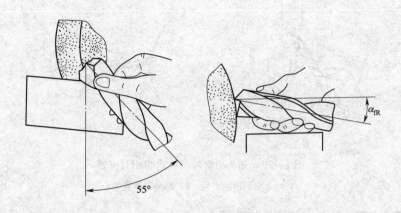

图1—82 修磨圆弧刃

步骤5 修磨分屑槽。一般直径大于15 mm 的钻头，应在主后面上磨出几条错开的分屑槽。选用小型片状砂轮，用右手食指在砂轮机罩壳侧面定位，使钻头的外直刃与砂轮侧面相垂直，分屑槽开在外直刃间。

三、注意事项

1. 接通开关后待砂轮转动正常，方可开始进行刃磨。
2. 钻头刃磨姿势正确，并达到要求的几何形状和角度。
3. 注意操作安全。

技能2 手电钻规范操作

一、操作准备

设备：手电钻。

工量具：$\phi 8$ mm 钻头、钢直尺、90°角尺、划针等。

二、操作步骤

步骤1 根据要求进行划线，打样冲眼。

步骤2 选钻头。

步骤3 钻头安装。

步骤4 钻孔操作。手电钻的操作方法如图1—83所示，钻削时要使钻头与被加工表面垂直。

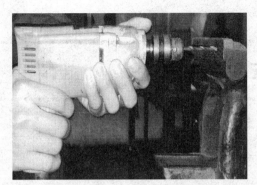

图 1—83　手电钻的使用

三、注意事项

1. 手电钻使用前，须开机空转 1 min，检查传动部分是否正常。若有异常，应排除故障后再使用。

2. 钻头必须锋利，钻孔时不宜用力过猛。当孔即将钻穿时须相应减轻压力，以防发生事故。

3. 钻床的维护保养

（1）在使用过程中，工作台面必须保持清洁。

（2）钻孔时必须使钻头能通过工作台面上的让刀孔，或在工件下面垫上垫铁，以免钻坏工作台面。

（3）用毕后必须将机床外露滑动面及工作台面擦净，并对各滑动面及各注油孔加注润滑油。

4. 安全文明生产

（1）钻床操作前，须将各操纵手柄移到正确位置，空转试车，在各机构都能正常工作时，方可操作使用。

（2）开动钻床前，应检查是否有钻夹头钥匙或楔铁插在钻轴上。

（3）操作钻床时，操纵人员的头部不准与旋转的主轴靠得太近，变换主轴转速或机动进给时，必须在停车后进行调整。

（4）严禁在主轴旋转状态下装夹、检测工件。

（5）钻通孔时，工件下面必须垫上垫铁或使钻头对准工作台的槽，以免损坏工作台。

（6）要夹紧工件，即将钻穿孔时要减小切削速度。

（7）操作钻床时不准戴手套，清除切屑时不准用手拿或用嘴吹碎屑，并尽量停车清除。

学习单元2　铰孔

 **学习目标**

1. 了解铰刀的结构特点。
2. 了解铰孔加工的特点和应用。
3. 掌握手铰、机铰操作。

 知识要求

一、铰孔和铰刀

用铰刀从工件孔壁上切除微量金属层，以提高其尺寸精度和降低表面粗糙度值的方法，称为铰孔。由于铰刀的刀齿数量多，切削余量小，故切削阻力小，导向性好，加工精度高，一般可达 IT9～IT7 级，表面粗糙度值可达 $Ra3.2～0.8\ \mu m$。

铰刀的种类很多，钳工常用的铰刀有以下几种：

1. 整体圆柱铰刀

整体圆柱铰刀分机用和手用两种，其结构如图1—84所示。

铰刀由工作部分、颈部和柄部三部分组成。其中工作部分又分为切削部分与校准部分。

（1）切削锥角（2ϕ）

切削锥角 2ϕ 决定铰刀切削部分的长度，对切削力的大小和铰削质量也有较大影响。适当减小切削锥角 2ϕ，是获得较小表面粗糙度值的重要条件。一般手用铰刀的 $\phi=30'～1°30'$，这样定心作用好，铰削时轴向力也较小，切削部分较长。机用铰刀铰削钢及其他韧性材料的通孔时 $\phi=15°$；铰削铸铁及其他脆性材料的通孔时 $\phi=3°～5°$。机用铰刀铰不通孔时，为了使铰出孔的圆柱部分尽量长，要采用 $\phi=45°$ 的铰刀。

（2）切削角度

铰孔的切削余量很小，切屑变形也小，一般铰刀切削部分的前角 $\gamma_o=0°～3°$，校准部分的前角 $\gamma_o=0°$，使铰削近于刮削，以减小孔壁粗糙度。铰刀切削部分和校准部分的后角 α_o 都磨成 $6°～8°$。

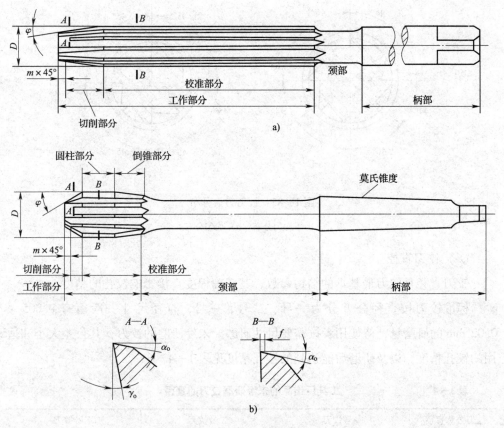

图 1—84 整体式圆柱铰刀

a）手用 b）机用

（3）校准部分刃带宽度（f）

校准部分的刀刃上留有无后角的棱边。其作用是引导铰刀的铰削方向和修整孔的尺寸，同时也便于测量铰刀的直径。一般 $f = 0.1 \sim 0.3$ mm。

（4）倒锥量

为了避免铰刀校准部分的后面摩擦孔壁，故在校准部分磨出倒锥量。机铰刀铰孔时，因切削速度高，导向主要由机床保证。

（5）标准铰刀的齿数

当直径 $D < 20$ mm 时，$z = 6 \sim 8$；当 $D = 20 \sim 50$ mm 时，$z = 8 \sim 12$。为了便于测量铰刀的直径，铰刀齿数多取偶数。

一般手用铰刀的齿距在圆周上是不均匀分布的，如图 1—85a 所示。机用铰刀工作时靠机床带动，为制造方便，都做成等距分布刀齿，如图 1—85b 所示。

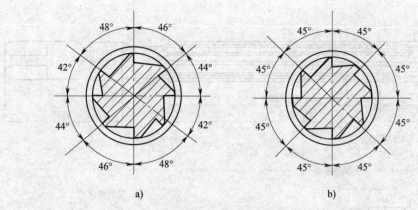

图1—85　铰刀刀齿分布

a）不均匀分布　b）均匀分布

（6）铰刀直径

铰刀直径是铰刀最基本的结构参数，其精确程度直接影响铰孔的精度。

标准铰刀按直径公差分为一号、二号、三号，直径尺寸一般留有 0.005～0.02 mm 的研磨量，待使用者按需要尺寸研磨。未经研磨的铰刀，其公差大小和适用的铰孔精度，以及研磨后能达到的铰孔精度见表1—4。

表1—4　　　　　　　　　工具厂出品的未经研磨铰刀的直径

铰刀公称直径/ mm	一号铰刀			二号铰刀			三号铰刀		
	上偏差	下偏差	公差	上偏差	下偏差	公差	上偏差	下偏差	公差
3～6	17	9	8	30	22	8	38	26	12
6～10	20	11	9	35	26	9	46	31	15
10～18	23	12	11	40	29	11	53	35	18
18～30	30	17	13	45	32	13	59	38	21
30～50	33	17	16	50	34	16	68	43	25
50～80	40	20	20	55	35	20	75	45	30
80～120	46	24	22	60	36	24	85	50	35
未经研磨 适用的场合	H9			H10			H11		
经研磨后 适用的场合	N7、M7、K7、J7			H7			H9		

铰孔后的孔径有时也可能扩张。影响扩张量的因素很多，情况也较复杂。如不能确定铰刀直径时，可通过试铰，按实际情况修正铰刀直径。

机铰刀一般用高速钢制作，手用铰刀用高速钢或高碳钢制作。

2. 可调节的手用铰刀

整体圆柱铰刀主要用来铰削标准直径系列的孔。但在单件生产和修配工作中需要铰削非标准孔时，则应使用可调节的手用铰刀。图 1—86 所示为可调节手用铰刀。

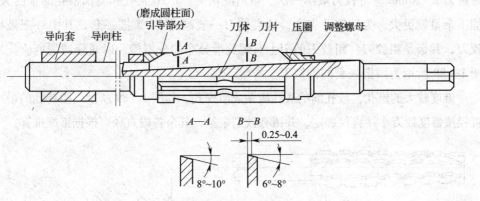

图 1—86　可调节手用铰刀

可调节铰刀的刀体上开有斜底槽，具有同样斜度的刀片可放置在槽内，用调整螺母和压圈压紧刀片的两侧。调节调整螺母，可使刀片沿斜底槽移动，即能改变刀的直径，以适应加工不同孔径的需要。

可调节的手用铰刀刀体用 45 钢制作，直径小于或等于 12.75 mm 的刀片用合金工具钢制作，直径大于 12.75 mm 的刀片用高速钢制作。

3. 锥铰刀

锥铰刀用于铰削圆锥孔，常用的有以下几种：

（1）1:50 锥铰刀

用来铰削圆锥定位销孔的铰刀，其结构如图 1—87 所示。

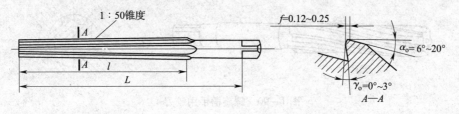

图 1—87　1:50 锥铰刀

（2）1:10 锥铰刀

用来铰削联轴器上锥孔的铰刀。

（3）莫氏锥铰刀

用来铰削 0 ~ 6 号莫氏锥孔的铰刀，其锥度近似于 1:20。

（4）1:30 锥铰刀

用来铰削套式刀具上锥孔的铰刀。

用锥铰刀铰孔，加工余量大，整个刀齿都作为切削刃进入切削，负荷重，因此每进刀 2~3 mm 应将铰刀取出一次，以清除切屑。1:10 锥孔和莫氏锥孔的锥度大，加工余量就更大，为使铰孔省力，这类铰刀一般制成 2~3 把一套，其中一把是精铰刀，其余是粗铰刀。粗铰刀的刃上有螺旋形分布的分屑槽，以减轻切削负荷。如图 1—88 所示为两把一套的锥铰刀。

锥度较大的锥孔，铰孔前的底孔应钻成阶梯孔，如图 1—89 所示。阶梯孔的最小直径按锥度铰刀小端直径确定，并留有铰削余量，其余各段直径可根据锥度推算。

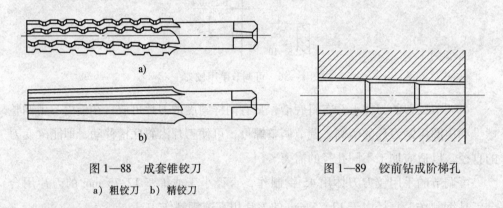

图 1—88　成套锥铰刀　　　　图 1—89　铰前钻成阶梯孔
a）粗铰刀　b）精铰刀

4. 螺旋槽手用铰刀

用普通直槽铰刀铰削有键槽孔时，因为切削刃会被键槽边钩住，而使铰削无法进行，因此必须采用螺旋槽铰刀。它的结构如图 1—90 所示。用这种铰刀铰孔时，铰削阻力沿圆周均匀分布，铰削平稳，铰出的孔光滑。

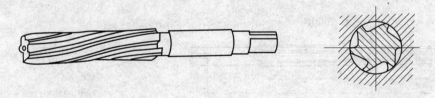

图 1—90　螺旋槽手用铰刀

二、铰削用量

铰削用量包括铰削余量（a_p）、切削速度（v）和进给量（f）。

1. 铰削余量（a_p）

铰削余量是指上道工序（钻孔或扩孔）完成后留下的直径方向的加工余量。

铰削余量也不宜过大，因为铰削余量过大，会使刀齿切削负荷增大，变形增大，切削热增加，被加工表面呈撕裂状态，致使尺寸精度降低，表面粗糙度值增大，同时加剧铰刀磨损。

铰削余量也不宜太小，否则，上道工序的残留变形难以纠正，原有刀痕不能去除，铰削质量达不到要求。

选择铰削余量时，应考虑到孔径大小、材料软硬、尺寸精度、表面粗糙度要求及铰刀类型等诸因素的综合影响。用普通标准高速钢铰刀铰孔时，可参考表 1—5 选取。

表 1—5　　　　　　　　　　　　　铰削余量　　　　　　　　　　　　　mm

铰孔直径	<5	5 ~ 20	21 ~ 32	33 ~ 50	51 ~ 70
铰削余量	0.1 ~ 0.2	0.2 ~ 0.3	0.3	0.5	0.8

2. 切削速度 (v)

为了得到较小的表面粗糙度值，必须避免产生刀瘤，减少切削热及变形，因而应采取较小的切削速度。用高速钢铰刀铰钢件时，$v = 4 \sim 8$ m/min；铰铸铁件时，$v = 6 \sim 8$ m/min；铰铜件时，$v = 8 \sim 12$ m/min。

3. 进给量 (f)

进给量要适当，进给量过大铰刀易磨损，也影响加工质量；进给量过小则很难切下金属材料，形成对材料挤压，使其产生塑性变形和表面硬化，最后形成刀刃撕去大片切屑，使表面粗糙度增大，并加快铰刀磨损。

机铰钢件及铸件时，$f = 0.5 \sim 1$ mm/r；机铰铜和铝件时，$f = 1 \sim 1.2$ mm/r。

三、铰孔时的冷却润滑

铰削的切屑细碎且易黏附在刀刃上，甚至挤在孔壁与铰刀之间而刮伤表面，扩大孔径。铰削时必须用适当的切削液冲掉切屑，减少摩擦并降低工件和铰刀温度，防止产生刀瘤。切削液选用时参考表 1—6。

表 1—6　　　　　　　　　　　　铰孔时的切削液

加工材料	切 削 液
钢	1. 10% ~ 20% 乳化液 2. 铰孔要求高时，采用 30% 菜油加 70% 肥皂水 3. 铰孔要求更高时，可采用茶油、柴油、猪油等

续表

加工材料	切削液
铸铁	1. 煤油（但会引起孔径缩小，最大收缩量0.02～0.04 mm） 2. 低浓度乳化液（也可不用）
铝	煤油
铜	乳化液

四、铰孔的操作要点

1. 工件要夹正，两手用力要均衡，铰刀不得摇摆，按顺时针方向扳动铰杠进行铰削，避免在孔口处出现喇叭口或将孔径扩大。

2. 铰孔时，不论进刀还是退刀都不能反转，以防止刃口磨钝及切屑卡在刀齿后面与孔壁间，将孔壁划伤。

3. 铰削钢件时，要注意经常清除粘在刀齿上的切屑。

4. 铰削过程中如果铰刀被卡住，不能用力扳转铰刀，以防损坏。而应取出铰刀，待清除切屑、加注切削液后再行铰削。

5. 机铰时，应使工件一次装夹进行钻、扩、铰，以保证孔的加工位置精度。铰孔完成后，要待铰刀退出后再停车，以防将孔壁拉毛。

6. 铰尺寸较小的圆锥孔时，可先以小端直径按圆柱孔精铰余量钻出底孔，然后用锥铰刀铰削。对尺寸和深度较大的圆锥孔，为减小铰削余量，铰孔前可先钻出阶梯孔，如图1—91a所示。然后再用锥铰刀铰削，铰削过程中要经常用相配的锥销来检查铰孔尺寸，如图1—91b所示。

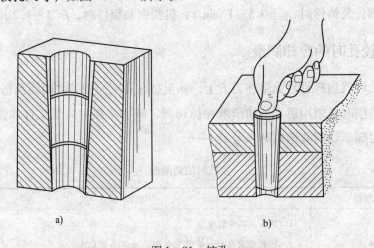

a)   b)

图1—91 铰孔

a) 预钻阶梯孔 b) 用锥销检查铰孔尺寸

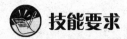 **技能要求**

技能 圆柱孔和圆锥孔的铰削加工

一、操作准备

1. 工件材料：45 钢，毛坯尺寸为 85 mm×60 mm×12 mm。

2. 工具准备：ϕ12 mm、ϕ9.8 mm、ϕ7.8 mm、ϕ5.6 mm 钻头、直柄铰刀、直柄锥铰刀、高度尺、游标卡尺、样冲等。

3. 设备准备：台钻（Z4012）。

二、操作步骤

加工图样如图 1—92 所示。

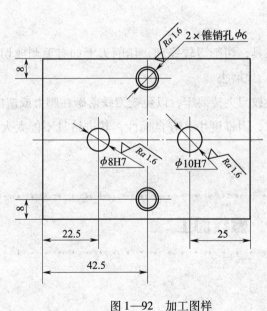

图 1—92 加工图样

1. 手铰

步骤 1 在进行圆柱孔手铰加工操作时，首先要学会底孔的计算：一般 $D \leqslant$ 6 mm，余量 0.05 ~ 0.1 mm；$D = 6$ ~ 18 mm，余量 0.1 ~ 0.2 mm。

步骤2 根据图样要求进行划线。

步骤3 考虑铰孔的余量，选定钻头规格，刃磨后进行试钻。

步骤4 钻孔、倒角。倒角方法有两种，一种是用断锯片操作，另一种是用大钻头在钻床上完成（手动反转）。

步骤5 铰孔操作：首先要求双脚站立要稳，在操作过程中两手用力要均匀，平稳地旋转，不得有侧向压力，同时适当加压，使铰刀均匀地进给。

步骤6 在操作过程中要注意两个问题：一是要加机油或润滑液，二是进给或退刀时铰刀均不能反转。

2. 锥铰

步骤1 在进行圆锥孔的铰削加工操作时，首先要学会底孔尺寸的确定：铰尺寸较小的圆锥孔时，可先以小端直径按圆柱孔精铰余量钻出底孔，然后用锥铰刀铰削。对尺寸和深度较大的圆锥孔，为减小铰削余量，铰孔前可先钻出阶梯孔，然后再用锥铰刀铰削。

步骤2 钻孔、倒角。

步骤3 铰孔操作：铰削过程中要经常用相配的锥销来检查铰孔尺寸。

三、注意事项

1. 铰刀是精加工工具，切削刃较锋利，切削刃上如有毛刺或切屑黏附，不可用手清除，应用油石小心地磨去。

2. 铰削直通孔时，铰刀夹持要牢，以免铰刀跌落砸在脚上或造成损坏。

3. 铰定位圆锥孔时，因锥度小，有自锁性，其进给量不能太大，以免铰刀卡死或折断。

 学习单元3 螺纹加工

 **学习目标**

1. 了解螺纹的有关知识。

2. 了解丝锥的结构特点并能进行攻螺纹加工。

3. 了解板牙的结构特点并能进行套螺纹加工。

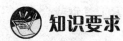
知识要求

一、螺纹的有关知识

用丝锥在工件孔中切削出内螺纹的加工方法称为攻螺纹，如图 1—93a 所示；用板牙在圆杆上切出外螺纹的加工方法称为套螺纹，如图 1—93b 所示。

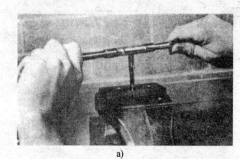
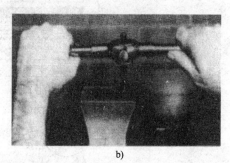

a)   b)

图 1—93 螺纹加工

a）攻螺纹 b）套螺纹

钳工加工的螺纹多为管螺纹，作为连接使用，常用的有以下几种：

1. 公制螺纹

公制螺纹也称为普通螺纹，螺纹牙型角为 60°，分粗牙普通螺纹和细牙普通螺纹两种。粗牙螺纹主要用于连接；细牙螺纹由于螺距小，螺旋升角小，自锁性好，除用于承受冲击、振动或变载的连接外，还用于调整机构。普通螺纹应用广泛，具体规格根据国家标准选用。

2. 英制螺纹

英制螺纹的牙型角为 55°，在我国只用于修配，新产品不使用。

3. 管螺纹

管螺纹是用于管道连接的一种英制螺纹，管螺纹的公称直径为管子的内径。

4. 圆锥管螺纹

圆锥管螺纹也是用于管道连接的一种英制螺纹，牙型角有 55° 和 60° 两种，锥度为 1:60。

二、攻螺纹与丝锥的构造特点

1. 攻螺纹工具

（1）丝锥

丝锥是加工内螺纹的工具，有机用丝锥和手用丝锥。机用丝锥通常是指高速钢磨牙丝锥，其螺纹公差带分 H1、H2、H3 三种。手用丝锥是碳素工具钢或合金工具钢的滚牙（或切牙）丝锥，螺纹公差带为 H4。

1）丝锥的构造。丝锥构造如图1—94所示，由工作部分和柄部组成。工作部分包括切削部分和校准部分。

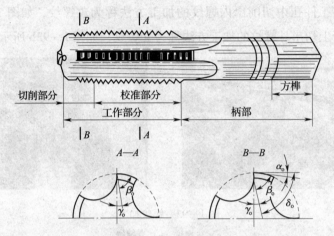

图1—94　丝锥的构造

为了制造和刃磨方便，丝锥上的容屑槽一般做成直槽。有些专用丝锥为了控制排屑方向，做成螺旋槽，如图1—95所示。

加工不通孔螺纹，为使切屑向上排出，容屑槽做成右旋槽（见图1—95a）；加工通孔螺纹，为使切屑向下排出，容屑槽做成左旋槽（见图1—95b）。一般丝锥的容屑槽为 3～4 个。丝锥柄部有方榫，用以夹持。

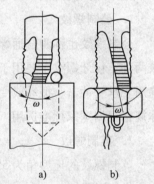

图1—95　螺旋形容屑槽
a）右旋槽　b）左旋槽

2）成组丝锥切削用量分配。为了减少切削力和延长使用寿命，一般将整个切削工作量分配给几支丝锥来担当。通常 M6～M24 的丝锥每组有两支，M6 以下及 M24 以上的丝锥每组有三支；细牙螺纹丝锥为两支一组。

成组丝锥中，对每支丝锥切削量的分配有以下两种方式：

①锥形分配。如图1—96a所示，一组丝锥中，每支丝锥的大径、中径、小径都相等，只是切削部分的切割锥角及长度不等。锥形分配切割量的丝锥也叫等径丝锥。当攻制通孔螺纹时，用头攻（初锥）一次切削即可加工完毕，二攻（也称为中锥）、三攻（底锥）则用得较少，一般 M12 以下丝锥采用锥形分配。一组丝锥中，每支丝锥磨损很不均匀。由于头攻能一次攻削成形，切削厚度大，切屑变形严

重，加工表面粗糙度差。

②柱形分配。柱形分配切削量的丝锥也称为不等径丝锥，即头攻（也称为第一粗锥）、二攻（第二粗锥）的大径、中径、小径比三攻（精锥）小。头攻、二攻的中径一样，大径不一样：头攻大径小，二攻大径大，如图1—96b所示。这种丝锥的切削量分配比较合理，三支一套的丝锥按6∶3∶1分担切削量，两支一套的丝锥按7.5∶2.5分担切削量，切削省力，各锥磨损量差别小，使用寿命较长。同时末锥（精锥）的两侧也参加少量切削，所以加工表面粗糙度值较小。一般M12以上的丝锥多属于这一种。

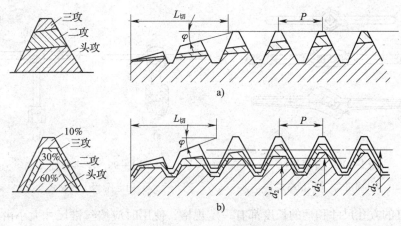

图1—96 成套丝锥切削量分配

a）锥形分配 b）柱形分配

3）丝锥的种类。丝锥的种类很多，钳工常用的有机用和手用普通螺纹丝锥、圆柱管螺纹丝锥、圆锥管螺纹丝锥等。

机用和手用普通螺纹丝锥有粗牙、细牙之分，粗柄、细柄之分，单支、成组之分，等径、不等径之分。此外还有长柄机用丝锥、短柄螺母丝锥、长柄螺母丝锥等，如图1—97所示。

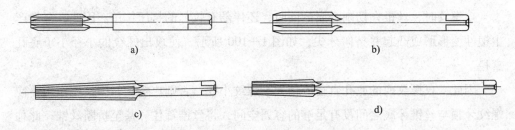

图1—97 机用丝锥和手用丝锥

a）粗柄机用和手用丝锥 b）长柄机用丝锥 c）短柄螺母丝锥 d）长柄螺母丝锥

圆柱管螺纹丝锥与一般手用丝锥相近，只是其工作部分较短，一般为两支一组。圆锥管螺纹丝锥的直径从头到尾逐渐增大，而牙型与丝锥轴线垂直，以保证内外螺纹结合时有良好的接触。

（2）铰杠

铰杠是手工攻螺纹时用来夹持丝锥的工具，分普通铰杠（见图1—98）和丁字铰杠（见图1—99）两类。各类铰杠又可分为固定式和活络式两种，其中丁字铰杠适于在高凸台旁边或箱体内部攻螺纹，活络式丁字铰杠用于 M6 以下丝锥，固定式普通铰杠用于 M5 以下丝锥。

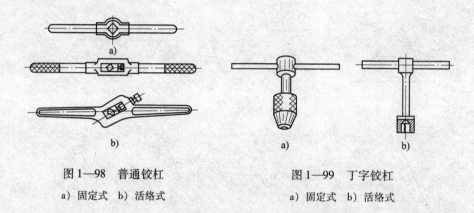

图1—98　普通铰杠　　　　　　　　　图1—99　丁字铰杠

a）固定式　b）活络式　　　　　　　a）固定式　b）活络式

铰杠的方孔尺寸和柄的长度都有一定规格，使用时应按丝锥尺寸大小由表1—7中合理选用。

表1—7　　　　　　　　　　活络铰杠适用范围　　　　　　　　　　mm

活络铰杠规格	150	225	275	375	475	600
适用的丝锥范围	M5～M8	M8～M12	M12～M14	M14～M16	M16～M22	M24 以上

2. 攻螺纹前底孔的直径和深度

（1）攻螺纹前底孔直径的确定

攻螺纹时，丝锥在切削金属的同时，还伴随有较强的挤压作用。因此，金属产生塑性变形形成凸起并挤向牙尖，如图1—100所示，使攻出螺纹的小径小于底孔直径。

因此，攻螺纹前的底孔直径应稍大于螺纹小径，否则攻螺纹时因挤压作用，使螺纹牙顶与丝锥牙底之间没有足够的容屑空间，将丝锥箍住，甚至折断丝锥。此种现象在攻塑性较大的材料时将更为严重。但是底孔不宜过大，否则会使螺纹牙型高度不够，降低强度。

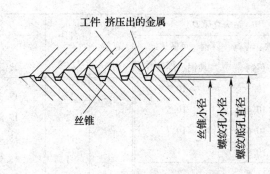

图1—100 攻螺纹时的挤压现象

底孔直径要根据工件材料塑性及钻孔扩张量考虑，按经验公式计算得出。

1) 在加工钢和塑性较大的材料及扩张量中等的条件下：

$$D_{底} = D - P$$

式中　$D_{底}$——攻螺纹钻螺纹底孔用钻头直径，mm;

　　　D——螺纹大径，mm;

　　　P——螺距，mm。

2) 在加工钢和塑性较小的材料及扩张量较小的条件下：

$$D_{底} = D - (1.05 \sim 1.1)P$$

常用的粗牙、细牙普通螺纹攻螺纹钻底孔用钻头直径也可以从表1—8中查得。

表1—8　　　　　　　　　攻普通螺纹钻底孔的钻头直径　　　　　　　　　mm

螺纹直径 D	螺距 P	钻头直径 $D_{钻}$		螺纹直径 D	螺距 P	钻头直径 $D_{钻}$	
		铸铁、青铜、黄铜	钢、可锻铸铁、纯铜、层压板			铸铁、青铜、黄铜	钢、可锻铸铁、纯铜、层压板
2	0.4	1.6	1.6	6	1	4.9	5
	0.25	1.75	1.75		0.75	5.2	5.2
2.5	0.45	2.05	2.05	8	1.25	6.6	6.7
	0.35	2.15	2.15		1	6.9	7
3	0.5	2.5	2.5		0.75	7.1	7.2
	0.35	2.65	2.65	10	1.5	8.4	8.5
4	0.7	3.3	3.3		1.25	8.6	8.7
	0.5	3.5	3.5		1	8.9	9
5	0.8	4.1	4.2		0.75	9.1	9.2
	0.5	4.5	4.5				

续表

螺纹直径 D	螺距 P	钻头直径 $D_钻$ 铸铁、青铜、黄铜	钢、可锻铸铁、纯铜、层压板	螺纹直径 D	螺距 P	钻头直径 $D_钻$ 铸铁、青铜、黄铜	钢、可锻铸铁、纯铜、层压板
12	1.75	10.1	10.2	20	2.5	17.3	17.5
	1.5	10.4	10.5		2	17.8	18
	1.25	10.6	10.7		1.5	18.4	18.5
	1.00	10.9	11		1	18.9	19
14	2	11.8	12	22	2.5	19.3	19.5
	1.5	12.4	12.5		2	19.8	20
	1	12.9	13		1.5	20.4	20.5
16	2	13.8	14		1	20.9	21
	1.5	14.4	14.5	24	3	20.7	21
	1	14.9	15		2	21.8	22
18	2.5	15.3	15.5		1.5	22.4	22.5
	2	15.8	16		1	22.9	23
	1.5	16.4	16.5				
	1	16.9	17				

3）英制螺纹底孔的直径一般按表1—9所列公式进行计算。

表1—9　　　　　　　英制螺纹底孔直径的计算公式

螺纹公称直径/in	铸铁和青铜	钢和黄铜
$\frac{3}{16} \sim \frac{5}{8}$	$D_钻 = 25\left(D - \frac{1}{n}\right)$	$D_钻 = 25\left(D - \frac{1}{n}\right) - 0.1$
$\frac{3}{4} \sim 1\frac{1}{2}$	$D_钻 = 25\left(D - \frac{1}{n}\right)$	$D_钻 = 25\left(D - \frac{1}{n}\right) + 0.3$

注：$D_钻$为攻螺纹前钻底孔钻头直径（mm）；n为每英寸牙数；D为螺纹公称直径（mm）。

（2）攻螺纹底孔深度的确定（见图1—101）

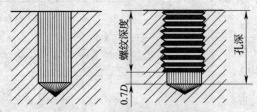

图1—101　螺纹底孔深度的确定

攻不通孔螺纹时，由于丝锥切削部分有锥角，端部不能切出完整的牙型，所以钻孔深度要大于螺纹的有效深度。一般取：

$$H_{钻} = h_{有效} + 0.7D$$

式中　$H_{钻}$——底孔深度；

　　　$h_{有效}$——螺纹有效深度；

　　　D——螺纹大径。

3. 丝锥折断的处理方法

在攻制螺纹时，常因操作不当造成丝锥断在孔内，不易取出，此时盲目敲打强取将会损坏螺孔，甚至使工件报废，所以必须要做到安全文明操作。应先清除螺孔内切屑及丝锥碎屑，加入适当润滑油，根据折断情况采取不同处理方法：

（1）当丝锥折断部分露出孔外时，可直接用钳子拧出。

（2）当丝锥折断部分在孔内时，可用冲头或尖錾子抵在丝锥容屑槽内，轻轻地正反方向反复敲打，使之松动后用工具旋取（见图1—102a），或者自制一个如图1—102b所示的旋出器进行取出。

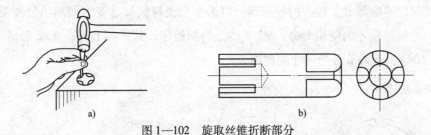

图 1—102　旋取丝锥折断部分

a）用样冲轻敲　b）旋出器

（3）在带方榫的折断丝锥部分旋上两只螺母，用钢丝插入折断丝锥和螺母间空槽中，用铰杠顺着退转方向扳动方榫，旋出折断丝锥（见图1—103a）。

（4）堆焊弯杆或螺母取出折断丝锥（见图1—103b）。

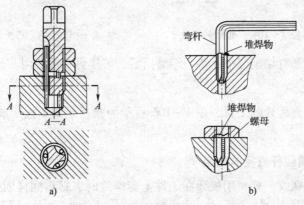

弯杆　堆焊物

堆焊物　螺母

图 1—103　取折断丝锥

a）用钢丝取折断丝锥　b）用堆焊方法取折断丝锥

（5）用氧乙炔火焰或喷灯将丝锥退火后用钻头钻掉。

（6）折断丝锥在不锈钢中时可以用硝酸腐蚀。

（7）在形状复杂工件折断丝锥时，可用电火花加工将折断丝锥熔蚀掉。

三、套螺纹与板牙的构造特点

1. 套螺纹工具

（1）板牙

板牙是加工外螺纹的工具，它用合金工具钢或高速钢制作并经淬火处理。

图1—104所示为圆板牙的构造，由切削部分、校准部分和排屑孔组成。它本身就像一个圆螺母，在它上面钻有几个排屑孔而形成切削刃。

切削部分是板牙两端有切削锥角（2ϕ）的部分。圆板牙前面就是排屑孔，故前角数值沿切削刃变化，如图1—105所示。板牙的中间一段是校准部分，也是套螺纹时的导向部分。板牙的校准部分因磨损会使螺纹尺寸变大而超出公差范围。因此，为延长板牙的使用寿命，M3.5以上的圆板牙，其外圆上有一条V形槽（见图1—104），起调节板牙尺寸的作用。

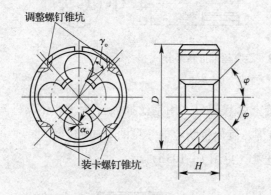

图1—104　圆板牙

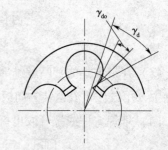

图1—105　圆板牙的前角变化

板牙两端面都有切削部分，待一端磨损后，可换另一端使用。

（2）板牙架

板牙架是装夹板牙的工具，图1—106所示为圆板牙架。板牙放入后，用螺钉紧固。

2. 套螺纹前圆杆直径的确定

与用丝锥攻螺纹一样，用板牙在工件上套螺纹时，材料同样因受挤压而变形，牙顶将被挤高一些。所以套螺纹前圆杆直径应稍小于螺纹的大径尺寸，一般圆杆直径用下式计算：

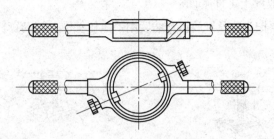

图 1—106　圆板牙架

$$d_{\text{杆}} = d - 0.13P$$

式中　$d_{\text{杆}}$——套螺纹前圆杆直径；

　　　d——螺纹大径；

　　　P——螺距。

套螺纹前圆杆直径也可由表 1—10 中查得。

表 1—10　　　　　　　　　　板牙套螺纹时圆杆直径

粗牙普通螺纹			英制螺纹			圆柱管螺纹		
螺纹直径/ mm	螺距/ mm	螺杆直径/ mm		螺纹直径/ in	螺杆直径/ mm		螺纹直径/ in	管子外径/ mm	
		最小 直径	最大 直径		最小直径	最大直径		最小 直径	最大 直径
M6	1	5.8	5.9	1/4	5.9	6	1/8	9.4	9.5
M8	1.25	7.8	7.9	5/16	7.4	7.6	1/4	12.7	13
M10	1.5	9.75	9.85	3/8	9	9.2	3/8	16.2	16.5
M12	1.75	11.7	11.8	1/2	12	12.2	1/2	20.5	20.8
M14	2	13.7	13.8	—	—	—	5/8	22.5	22.8
M16	2	15.7	15.8	5/8	15.2	15.4	3/4	26	26.3
M18	2.5	17.7	17.8	—	—	—	7/8	29.8	30.1
M20	2.5	19.7	19.8	3/4	18.3	18.5	1	32.8	33.1

四、攻螺纹基本操作

1. 攻内螺纹的基本操作

（1）钻孔后，孔口须倒角，且倒角处的直径应略大于螺纹大径，这样可使丝锥开始切削时容易切入材料，并可防止孔口被挤压出凸边。

（2）工件的装夹位置应尽量使底孔中心线置于垂直或水平位置，使攻螺纹时易于判断丝锥是否垂直于工件平面。

（3）起攻时，要把头攻丝锥放正，然后用手压住丝锥并转动铰杠（见图1—107）。

图1—107　起攻方法

当丝锥切入1~2圈后，应及时检查并校正丝锥的位置（见图1—108）。检查应在丝锥的前后、左右方向上进行。

为了起攻时丝锥保持正确的位置，可在丝锥上旋上同样直径的螺母（见图1—109a），或将丝锥插入导向套孔中（见图1—109b），就容易使丝锥按正确的位置切入工件孔中。

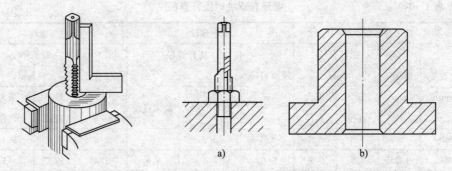

a)　　　　　　　　　　　　b)

图1—108　检查丝锥垂直度　　　图1—109　保证丝锥正确位置的工具

a）用螺母　b）用导向套

（4）当丝锥切入3~4圈螺纹时，只需转动铰杠即可，应停止对丝锥施加压力，否则螺纹牙型将被破坏。攻螺纹时，每扳转铰杠0.5~1圈，要倒转0.25~0.5圈，使切屑断碎后容易排除，避免因切屑阻塞而使丝锥卡死。

（5）攻不通孔时，要经常退出丝锥，清除孔内的切屑，以免丝锥折断或被卡住。当工件不便倒向时，可用磁性棒吸出切屑。

（6）攻韧性材料的螺孔时，要加注切削液，以减小切削阻力，减小螺孔的表面粗糙度值，延长丝锥寿命。攻钢件时加机油，攻铸件时加煤油，螺纹质量要求较高时加工业植物油。

（7）攻螺纹时，必须以头锥、二锥、三锥的顺序攻削至标准尺寸。在较硬的材料上攻螺纹时，可用各丝锥轮换交替进行，以减小切削刃部的负荷，防止丝锥折断。

（8）丝锥退出时，先用铰杠平稳反向转动，当能用手旋动丝锥时，停止使用铰杠，防止铰杠带动丝锥退出，从而产生摇摆、振动并损坏螺纹表面粗糙度。

2. 套外螺纹的基本操作

（1）套螺纹前应将圆杆端部倒成锥半角为 15°～20° 的锥体（见图 1—110）。套螺纹时切削力矩较大，圆杆类工件要用 V 形钳口或厚铜板作衬垫，才能牢固地夹持（见图 1—111）。

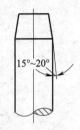
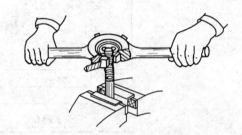

图 1—110　圆杆倒角　　　　　　　图 1—111　圆杆的夹持

（2）起套时，要使板牙的端面与圆杆垂直。要在转动板牙时施加轴向压力，转动要慢，压力要大。当板牙切入材料 2～3 圈时，要及时检查并校正螺纹牙端面与圆杆是否垂直，否则切出的螺纹牙型一面深一面浅，甚至出现乱牙。

（3）进入正常套螺纹状态时，不要再加压，让板牙自然引进，以免损坏螺纹和板牙，并要经常倒转断屑。

（4）在钢件上套螺纹要加切削液，以提高螺纹表面质量和延长板牙寿命。切削液一般选用较浓的乳化液或机械油。

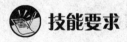 **技能要求**

技能 1　在盲孔上攻制螺纹及攻制 M4 的螺纹

一、操作准备

工件材料：45 钢，规格为 50 mm×50 mm×12 mm。

工量具准备：丝锥（M4、M6）、铰杠、钻头、样冲、游标卡尺、高度尺等。

设备准备：台钻（Z4012 型）。

二、操作步骤

零件加工图样如图1—112所示。

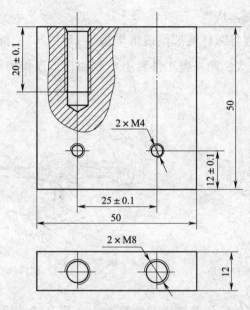

图1—112　加工图样

步骤1　加工毛坯件基准，锉削外形尺寸 50 mm ×50 mm ×12 mm 尺寸。

步骤2　按图样要求划出各孔的加工线。

步骤3　完成本训练所用钻头的刃磨，并试钻，达到切削角度要求。

步骤4　用平口钳装夹工件，按划线钻 $2 \times \phi 6.7$ mm 深 28 mm 孔、$2 \times \phi 3.3$ mm 孔并达到位置精度要求。

步骤5　对所钻孔进行倒角。

步骤6　攻制 $2 \times M4$（丝锥三支一组）、$2 \times M8$ 螺纹，达到垂直度要求。

步骤7　去毛刺，复检。

三、注意事项

1. 划线后在各孔中心处打样冲眼，落点要准确。

2. 用小钻头钻孔，进给力不能太大以免钻头弯曲或折断。

3. 钻头起钻定中心时，平口钳可不固定，待起钻浅坑位置正确后再压紧，并保证落钻时钻头无弯曲现象。

4. 起攻时，要从两个方向对垂直度进行及时矫正，以保证攻出螺纹的质量，两手压力均匀。攻入 2 ~ 3 齿后，要矫正垂直度。正常攻制后，每攻入一圈要反转半圈，牙型要攻制完整。

5. 做到安全文明生产操作。

技能 2 修磨磨损的丝锥

一、操作准备

材料准备：磨损的丝锥。

工具准备：平光眼镜。

设备准备：砂轮机。

二、操作步骤

步骤 1 丝锥的切削部分磨损时，可以适量修磨其后面（见图 1—113a）。修磨时要注意保持各刃瓣的半锥角 φ 及切削部分长度的准确性和一致性。转动丝锥时，不要使另一刃瓣的刀齿碰到砂轮而被磨坏。

步骤 2 丝锥校准部分磨损时，可用棱角修圆的片状砂轮修磨其前面（见图 1—113b），并控制好前角 γ_o 的大小。

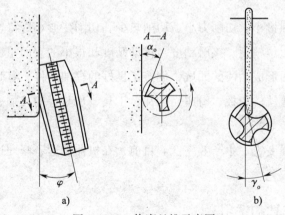

图 1—113 修磨丝锥示意图

三、注意事项

1. 接通开关后待砂轮转动正常，方可开始进行刃磨。

2. 丝锥刃磨姿势要正确，并达到要求的几何形状和角度。

3. 注意操作安全。

第4节 刮削和研磨

 学习单元1 刮削

 学习目标

1. 能够理解刮削加工的特点和应用。
2. 掌握刮刀的结构特点和刃磨方法。
3. 完成平面刮削和曲面刮削的基本操作。

 知识要求

一、刮削加工的特点和应用

刮削具有切削量小、切削力小、切削热少和切削变形小等特点，所以能获得很高的尺寸精度、形位精度、接触精度、传动精度和很小的表面粗糙度值。

刮削后的表面形成微浅的凹坑，创造了良好的存油条件，有利于润滑和减小摩擦。因此，机床导轨、滑板、滑座、轴瓦、工具、量具等的接触表面常用刮削的方法进行加工。

刮削的劳动强度大、生产效率低。目前，在机器制造、修理过程中，大都采用了以磨代刮的新工艺。

二、刮削工具和选用

刮削的工具主要有刮刀、校准工具及显示剂等。

1. 刮刀

刮削时由于工件的形状不同，因而要求刮刀有不同的形式。刮刀可分为平面刮刀（包括专用刮花刮刀）和曲面刮刀两类。

（1）平面刮刀用于刮削平面和刮一般的花纹，大多采用 T12A 钢材锻制而成，有时因平面较硬，也采用焊接合金钢刀头或硬质合金刀头。常用的有直刮刀（见图1—114a、b）和弯头刮刀（又称鸭嘴刮刀，见图1—114c）。刮刀头部的形状和角度如图1—115所示。

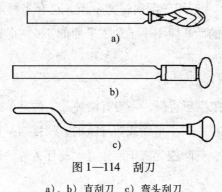

图 1—114　刮刀

a)、b) 直刮刀　c) 弯头刮刀

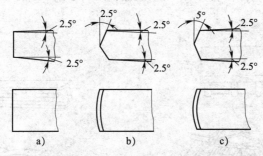

图 1—115　刮刀头部形状和角度

a) 粗刮刀　b) 细刮刀　c) 精刮刀

（2）曲面刮刀用于刮削曲面，可分为三角形刮刀、柳叶刮刀和蛇头刮刀，如图1—116所示。

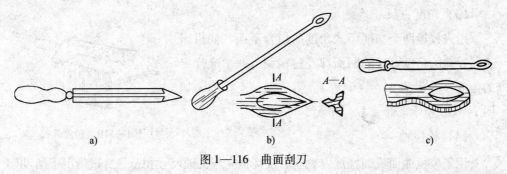

图 1—116　曲面刮刀

2. 校准工具

校准工具的作用有两个：一是用来和刮削表面磨合，以接触点的多少和分布的疏密程度，来显示刮削表面的平面度，提供刮削的依据；二是用来检验刮削表面的精度。

刮削平面时用的校准工具有以下几种。

（1）标准平板

如图1—117所示，一般用于刮削较宽平面。它有多种规格，使用时按工件加工面积选用，一般平板的面积应不小于加工平面的3/4。平板的材质应具有较高的耐磨性。

（2）校准直尺

图1—118a所示为工字形直尺，一般有两种：一种是单面直尺，其工作面经过精刮，精度很高，用来校验较小平面或短导轨的直线度与平面度；另一种是两面都经过刮研且平行的直尺，它除能完成工字形直尺的任务外，还可用来校验长平面相对位置的准确性。

图1—118b所示为桥式直尺，用来校验较大的平面或机床导轨的直线度与平面度。

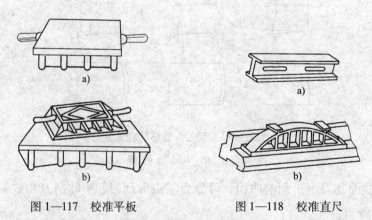

图1—117　校准平板　　　　图1—118　校准直尺

（3）角度直尺

用来校检两个刮削面成角度的组合平面，如机床燕尾导轨的角度。尺的两面都经过精刮，并形成规定的角度（一般为55°、60°等），第三面是支撑面，如图1—119所示。

图1—119　角度直尺

（4）校检轴

用于校检曲面或圆柱形内表面。校检轴应与机轴尺寸相符，一般情况下滑动轴承瓦面的校检多采用机轴本身。

3. 显示剂

工件和校准工具对研时，所加的涂料称显示剂。其作用是显示工件误差的位置和大小。

（1）显示剂的用法

显示剂用法见表1—11。

表1—11　　　　　　　　　　显示剂的用法

类别	显示剂的选用	显示剂的涂抹	显示剂的调和
粗刮	红丹粉	涂在研具上	调稀
精刮	蓝油	涂在工件上	调稠

（2）显示剂的种类

常用显示剂的种类及应用见表1—12。

表1—12　　　　　　　　　常用显示剂的种类及应用

种　类	成　分	应　用
红丹粉	由氧化铅或氧化铁用机油调和而成，前者呈橘红色，后者呈红褐色，颗粒较细	广泛用于钢和铸铁工件
蓝油	用蓝粉和蓖麻油及适量机油调和而成	多用于精密工件和有色金属及其合金的工件

（3）显点的方法

显点的方法应根据不同形状和刮削面积的大小有所区别。图1—120所示为平面与曲面的显点方法。

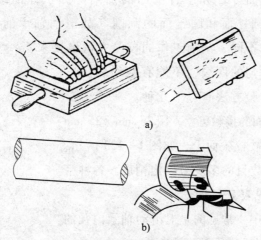

图1—120　平面和曲面的显点方法

a）平面显点　b）曲面显点

1）中型、小型工件的显点。一般是校准平板固定不动，工件被刮面在平板上推研。推研时压力要均匀，避免显示失真。如果工件被刮面小于平板面，推研时最好不超出平板，如果被刮面等于或稍大于平板面，允许工件超出平板，但超出部分应小于工件长度的1/3，如图1—121所示。推研应在整个平板上进行，以防止平板局部磨损。

2）大型工件的显点。将工件固定，平板在工件的被刮面上推研。推研时，平板超出工件被刮面的长度应小于平板长度的1/5。

3）形状不对称工件的显点。推研时应在工件某个部位托或压，如图1—122所示。但用力大小要适当、均匀。显点时还应注意，如果两次显点有矛盾，应分析原因，认真检查推研方法，谨慎处理。

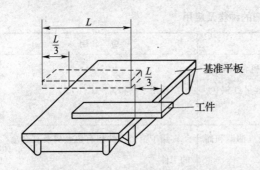

图1—121 工件在平板上显点

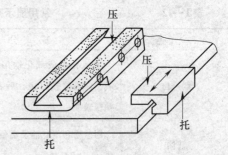

图1—122 形状不对称工件的显点

4. 刮削精度的校验

刮削分平面刮削和曲面刮削两种。平面刮削有单个平面的刮削（如平板、直尺、工作台面等）和组合平面的刮削（如机体的结合面、燕尾槽面等）。曲面刮削有圆柱面和圆锥面的刮削（如滑动轴承的孔、轴套等）。由于工件的工作要求不同，刮削工作的校验方法也要求不一。经过刮削的工件表面应有细致而均匀的网纹，不能有刮伤和刮刀的深印。常用的校验方法有以下几种。

（1）校验刮削面的接触斑点，用25 mm×25 mm的正方形方框罩在被校验面上，如图1—123所示，依据方框内的研点数目的多少来确定精度。各种平面接触的研点数目见表1—13。

（2）曲面刮削中，常见的是对滑动轴承内孔的刮削。各种不同接触精度研点数见表1—14。

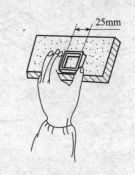

图1—123 用方框检查研点

表 1—13　　　　　　　　　各种平面接触精度研点数

平面种类	每 25 mm² 内的研点数	应用举例
一般平面	2 ~ 5	较粗糙机件的固定结合面
	5 ~ 8	一般结合面
	8 ~ 12	机器台面、一般基准面、机床导向面、密封结合面
	12 ~ 16	机床导轨及导向面、工具基准面、量具接触面
精密平面	16 ~ 20	精密机床导轨、直尺
	20 ~ 25	1 级平板、精密量具
超精密平面	> 25	0 级平板、高精度机床导轨、精密量具

表 1—14　　　　　　　　　滑动轴承的研点数

轴承直径/mm	机床或精密机械主轴轴承			锻压设备、通用机械轴承		动力机械、冶金设备的轴承	
	高精密	精密	普通	重要	普通	重要	普通
	每 25 mm² 内的研点数						
≤120	25	20	16	12	8	8	5
>120		16	10	8	6	6	2

（3）刮削面误差的校验，主要是校验刮削后的平面的直线度与平面度误差是否在允许的范围内。一般用合像水平仪、精度比较高的框式水平仪进行校验，如图 1—124 所示。

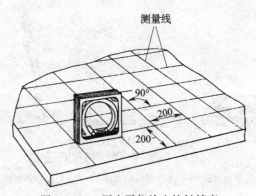

图 1—124　用水平仪检查接触精度

三、刮刀的刃磨

1. 平面刮刀的粗磨

刮刀坯锻成后，其刃口和表面都是粗糙和不平直的，必须在砂轮上基本磨平。粗磨时，先将刮刀端部磨平直，然后将刮刀的平面放在砂轮的正面磨平。刮刀的最终平面可使用砂轮侧面磨平，最后磨出刮刀两侧窄面，如图 1—125 所示。

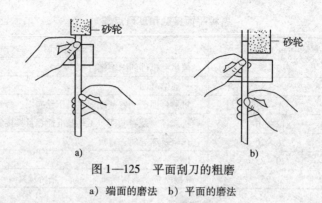

图1—125 平面刮刀的粗磨

a）端面的磨法 b）平面的磨法

2. 平面刮刀的精磨

平面刮刀精磨应在油石上进行，将刃口磨得光滑、平整、锋利。

（1）平面的磨法

使刮刀平面与油石平面完全接触，两手掌握平稳，使磨出的平面平整光滑。

（2）端部磨法

一般平面刮刀有双刃90°和单刃两种，精磨端部时一手握住刀头部的刀杆，另一手扶住刀柄，使刮刀与油石保持所需要的角度，在油石上做比较短的往复运动，修磨刮刀端部时最好选择较硬的油石。

平面刮刀的精磨如图1—126所示。

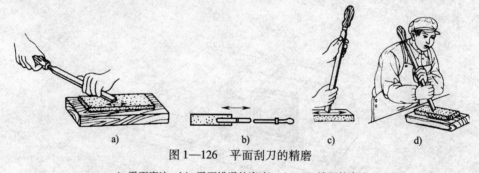

图1—126 平面刮刀的精磨

a）平面磨法 b）平面错误的磨法 c）、d）端面的磨法

3. 曲面刮刀的刃磨

（1）三角刮刀的刃磨

三角刮刀三个面分别刃磨，使三个面的交线形成弧形的切削刃，接着将三个圆弧刃形成的面在砂轮上开槽。刀槽要开在两刃的中间，切削刃边上只留2～3 mm的棱边，如图1—127所示。

三角刮刀粗磨后，同样要在油石上精磨。精磨时，在顺着油石长度方向来回移动的同时，还要依切削刃的弧形做上下摆动，直至三个面相交而成的三条切削刃上

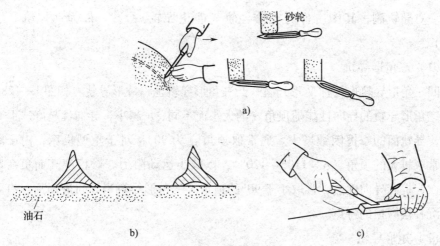

图1—127 三角刮刀的刃磨

a）三角刮刀的粗磨 b）三角刮刀的精磨 c）三角刮刀磨弧方法

的直面、弧面的砂轮磨痕消失，直面、弧面光洁，切削刃锋利为止。

（2）圆头刮刀的刃磨

两平面与侧面的刃磨与平面刮刀相同，刀头部位圆弧面的刃磨方法与三角刮刀的磨法相近。

（3）蛇头刮刀与柳叶刮刀的刃磨

这两种刮刀刀头形状稍有不同，都有两个切削面和切削刃，切削角度要比三角刮刀大，一般为70°~80°，适用于刮削较软的金属，如巴氏轴承合金等。刃磨方法与精磨方法大致与三角刮刀相同。

4．注意事项

（1）刮削前，必须去掉工件的锐边和锐角，以防伤手。

（2）刃磨刮刀时，应站在砂轮机的侧面或斜侧面。刃磨时施加压力不能太大。

（3）刮刀用后，应用纱布包裹好妥善安放，三角刮刀用毕不要放在手经常接触的地方。

四、一般中型机床导轨的刮削

导轨的作用是导向和承载，因此对导轨的基本要求是：要有良好的导向精度；要耐磨和具有足够的刚度，以保持精度的稳定性；磨损后要容易调整。而导轨检修的目的，就是要恢复导轨磨损后的精度，对局部的损伤、损坏给予修复，保持原有的使用性能。目前应用最广泛的为滑动导轨。

1．滑动导轨的分类及结构

滑动导轨的截面形状有三角形、矩形、燕尾形和圆柱形四种。每种由凸凹两件组成一对导轨副，其中一件为支撑导轨（静止导轨）；另一件为动导轨（运动导轨）。

（1）三角形导轨

凹三角形导轨也可称 V 形导轨，凸三角形导轨也称棱形导轨，如图1—128a 所示。三角形导轨的导向性能随顶角 α 的大小而不同，α 越小，导向性越好。但 α 越小时，导轨面的摩擦因数增大。通常取顶角 α 为 90°，对于重型机床，由于载荷大，常取较大的顶角（α = 110° ~ 120°），以减小运动阻力。对精度高而负荷小的机床，为提高导向性能，常取小于 90°的顶角。三角形导轨当导轨磨损后，有可自动下沉补偿磨损的特点。

（2）矩形导轨

矩形导轨也称平导轨，如图 1—128b 所示。矩形导轨比三角形导轨的摩擦因数小，加工和检验都较方便。由于难免存在侧面间隙，故导向性较差，它适用于载荷较大而导向性要求稍低的机床。

（3）燕尾形导轨

燕尾形导轨如图 1—128c 所示，其夹角 α 通常为 55°。燕尾形导轨的高度较小，间隙调整方便，并可承受倾侧力矩，但刚度较差，加工和检验不太方便，它适用于受力较小、导轨层次多或要求高度尺寸较小，以及要求间隙调整方便的场合，如车床刀架等。

（4）圆柱形导轨

圆柱形导轨如图 1—128d 所示。这种导轨制造方便，不易积聚铁屑，但因磨损后难以补偿间隙，故应用较少。在压力机床上用得比较多。

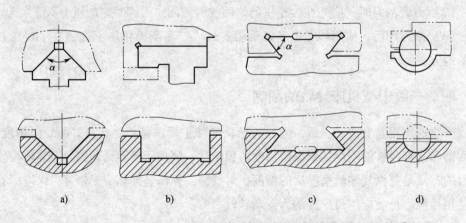

图 1—128　机床导轨的截面形状

a）三角形导轨　b）矩形导轨　c）燕尾形导轨　d）圆柱形导轨

　　为了保证机床导轨有一定的承载能力、导向性和导向稳定性，除燕尾形外，通常都由两条导轨组成，其截面形状可以相同或不同，又称为导轨副。

　　在检修工作中，经常遇到对机床导轨的检修。由于长时间的使用，机床导轨往往磨损后会失去原有的精度，可以采用刮削的方法进行修复，下面介绍机床燕尾形导轨的刮削方法和步骤。

2. 刮削导轨的一般原则

　　（1）首先要选择刮削时的基准导轨，通常是以较长的和较重要的支撑导轨作为基准导轨，如车床床身的溜板导轨。

　　刮削一对导轨副时，先刮削基准导轨，再根据基准导轨刮削与其相配的另一导轨。基准导轨刮削时必须进行精度检验，而相配的导轨只要进行配刮，达到接触要求即可，不作单独的精度检验。

　　（2）对于组合导轨上各个表面的刮削次序，应在保证质量的前提下，以减小刮削工作量和测量方便为原则。如先刮大面，后刮小面，可使刮削余量小，容易达到精度要求，再如先刮比较难刮的面，后刮容易的面，可给刮削时的测量带来方便，还有应先刮刚度较高的面，以保证刮削精度的稳定性。如果先刮刚度低的面，其刮削精度最终将可能遭到破坏。

3. 燕尾形导轨的刮削

　　燕尾形导轨刮削一般是采取成对交替配刮的方法进行。如图 1—129 所示，A 为支撑导轨、B 为动导轨。刮削时，先将动导轨的平面 1、2 按标准平板刮到要求，这样可以提高刮削效率和容易保证这两个平面的精度。然后以此两面为基准、研刮支撑导轨面 3、4 达精度要求。接着再按 $\alpha = 55°$ 的角度平尺刮削斜面 5（或斜面 6），刮好斜面 5 以后刮斜面 6 时，一方面要按角度平尺研点，同时还要兼顾与斜面 5 的平

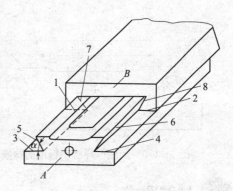

图 1—129　燕尾形导轨

A—支撑导轨　B—动导轨

行。当支撑导轨的四个面全部刮好后，就可根据支撑导轨来刮削动导轨的斜面。由于动导轨与支撑导轨的燕尾面之间有楔形镶条，所以动导轨燕尾面之间的宽度大于支撑导轨燕尾面之间的宽度，而且其中一个面有斜度（图 1—129 中斜面 8），刮削时，斜面 7、8 应分别进行，直至刮到要求。楔形镶条是在自身按平板粗刮后，放入支撑导轨与动导轨的斜面 6 与 8 之间配刮完成的，其中与斜面 8 的配合，精度要

求可低些。

在刮削上述支撑导轨的两个斜面 5、6 时，为了保证两者相互平行，必须边刮边检查，通常用千分尺测量，如图 1—130 所示。将两个等直径的精密短圆柱放在燕尾导轨的两侧，用千分尺测量尺寸 C，当沿导轨两端测出的尺寸相等，即表示两个斜面互相平行。

当需要确定燕尾导轨的宽度 B 是否准确时，可按下式算出：

$$B = c - d\left(1 + \cot\frac{\alpha}{2}\right)$$

在机床导轨的刮削中，常遇到正反面都要刮削的情况（工件安放后不允许翻转），可参照如图 1—131 所示的方法：将刮刀柄抵在右腿膝盖上部，刮削时左手四指向上按住刮刀，使切削刃顶住刮削面，拇指压着上导轨面（以此作为依靠）。右手握住刀身向上提起，利用腿力向前推动，推动一次刮去一层金属。为了便于看清研点，可在刮削处下面放一面镜子，利用镜子观察研点以进行刮削。

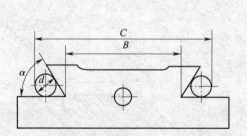

图 1—130　燕尾形导轨平行度的检查

图 1—131　刮削车床导轨下面

 技能要求

技能 1　轴瓦等曲面的刮削

一、操作准备

1. 材料准备：滑动轴承。

2. 工具准备：油石、毛刷、200 mm×300 mm 平板、刮刀、红丹粉。

3. 设备准备：砂轮机、刮研支架。

二、操作步骤

滑动轴承的刮削是曲面刮削中最典型的实例，在生产中应用较广泛。

步骤1　将工件去毛刺，并做好清理工作。

步骤2　粗刮。先对滑动轴承单独进行粗刮，去除机械加工的刀痕。

步骤3　细刮。滑动轴承刮研应根据其不同形状和不同的刮削要求，选择合适的刮刀和显点方法。一般是以标准轴（也称工艺轴），或与其配合的轴作为内曲面研点的校准工具。

（1）显点方法是将蓝油均匀地涂在轴的圆周面上，或用红丹粉涂在轴承孔表面，用轴在轴承孔中来回旋转，如图 1—132a 所示。

（2）刮削方法是根据研点用曲面刮刀在曲面内接触点上做螺旋运动刮除研点，如图 1—132b、c 所示。细刮时，控制刀迹的长度、宽度及刮点的准确性。

步骤4　精刮。在细刮的基础上，缩小刀迹进行精刮，使研点小而多，从而达到滑动轴承的接触精度要求：25 mm×25 mm 内 16～20 点，圆柱度 ϕ0.02 mm，表面粗糙度 Ra1.6 μm。

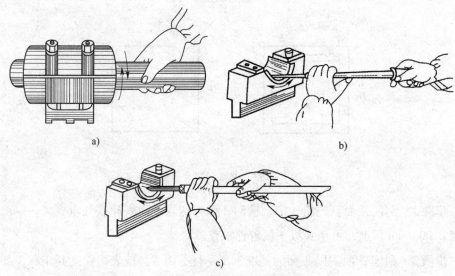

a)　　　　　　　　　b)

c)

图 1—132　滑动轴承的刮削

三、注意事项

1. 刮削时用力不可太小，以不发生抖动、不产生振痕为宜。

2. 交叉刮削，刀迹与曲面内孔中心线约为 45°，以防止刮面产生波纹，研点也不会成为条形。

3．内孔刮削精度的要求，25 mm×25 mm 内的研点数应符合技术要求。

技能 2　方箱的刮削

一、操作准备

1．材料准备：方箱。

2．工具准备：水平仪、刮刀、红丹粉、平板、千分表、正弦规。

3．设备准备：刮研支架。

二、操作步骤

方箱刮削示意图如图 1—133 所示，其尺寸为 350 mm×350 mm，精度等级为 1 级，平面接触点要求 25 mm×25 mm 范围内 ≥16 点，面与面之间的平行度为 0.005 mm，表面粗糙度 Ra0.8 μm，垂直度为 0.01 mm，V 形槽在垂直方向和水平方向的平行度均为 0.01 mm。

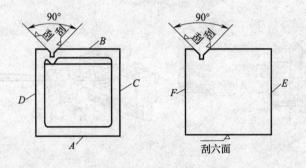

图 1—133　方箱刮削示意图

步骤 1　刮削 A 面。先粗、细、精刮 A 面，达到平面度和接触点要求。平面度达到 0.003 mm 以上，可用 0 级平板着色检查。

步骤 2　刮削 B 面。以 A 面为基准，刮平行平面 B，该表面除达到步骤 1 要求外，还要用千分表检查 B 面对 A 面的平行度 0.005 mm。

步骤 3　刮削 C 面。以 A、B 面为基准，精刮侧面 C，除达到对平面的要求外，还应保证与 A、B 面的垂直度为 0.01 mm。

步骤 4　刮削 D 面。刮削与 C 面的平行平面 D，保证平面度、平行度和垂直度达到要求。

步骤 5 刮削 *E* 面。分别以 *A*、*B* 面为基准，刮削垂直面 *E*，如图 1—133 所示，保证垂直度和平面度的要求。

步骤 6 刮削 *F* 面。刮削与 *E* 面平行的平面 *F*，保证平面度、平行度和垂直度达到要求。

步骤 7 刮削 V 形槽。刮削 V 形槽使其达到技术要求。

步骤 8 质量检验。

（1）垂直度的检验：在测量平台上压上一只标准平尺，方箱 *A* 面接触平台，推动方箱，使方箱 *C* 面靠在平尺垂直面上移动，在 *C* 面上方，固定放置一只千分表，测量头接触 *C* 面上边缘（最好在中间垫一块规），方箱沿平尺移动时，将表指针对零，可检查 *C* 面的扭曲情况，并刮削修正；然后将方箱翻转 $180°$，用 *B* 面接触平台，仍使 *C* 面沿平尺移动，可从表中读出两次测量的差值。这个值的一半，即是 *C* 面对 *A* 和 *B* 面的垂直度误差，该误差应控制在 0.01 mm 以内，如图 1—134 所示。

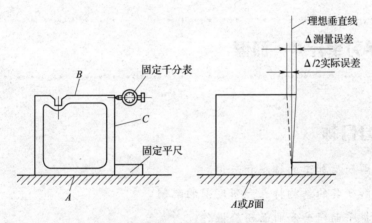

图 1—134 方箱垂直度检查方法

（2）V 形槽的检验

1）方箱上的 V 形槽与侧面的平行度可用正弦规和杠杆百分表进行检测，如图 1—135 所示，使其误差小于 0.01 mm。

2）在方箱的 V 形槽上放上圆柱检验棒，分别检测两个方向的平行度，如图 1—136 所示，使其误差小于 0.01 mm。

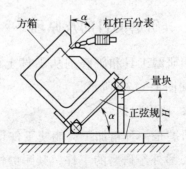

图 1—135 方箱 V 形槽侧面的检测

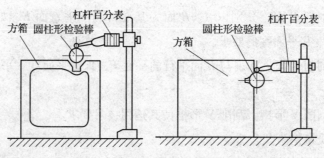

图 1—136　方箱的 V 形槽与两侧面的平行度

三、注意事项

刮削 V 形槽之前，要用合适的心棒和千分表测量出 V 形槽对底面和侧面的平行度误差及大小、方向，再进行刮削。刮削 V 形槽时，应先消除 V 形面的位置误差，在此基础上用 V 形研具显点刮削，使接触点和平行度都达到要求。

 学习单元 2　研磨

 学习目标

1．了解研磨加工的特点和应用。

2．了解研具的结构特点和研磨剂的配制。

3．掌握平面研磨和曲面研磨操作。

 知识要求

一、研磨的目的及原理

用研磨工具和研磨剂从工件上研去一层极薄表面层的精加工方法称为研磨，如图 1—137 所示。

1．研磨目的

研磨是一种精加工，能使工件得到精确的尺寸，还能获得极低的表面粗糙度值。另外经研磨的工件，其耐磨性、耐蚀性和疲劳强度也都相应提高，从而延长了工件的使用寿命。

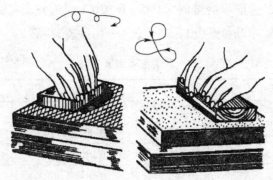

图 1—137 研磨

2. 研磨原理

研磨的基本原理包含着物理和化学的综合作用。

（1）物理作用

研磨时要求研具材料比被研磨的工件软，这样受到一定压力后，研磨剂中微小颗粒（磨料）被压嵌在研具表面上。这些细微的磨料具有较高的硬度，像无数切削刃。由于研具和工件的相对运动，半固定或浮动的磨粒则在工件和研具之间做运动轨迹很少重复的滑动和滚动，因而对工件产生微量的切削作用，均匀地从工件表面切去一层极薄的金属。借助于研具的精确型面，从而使工件逐渐达到较高的尺寸精度及合格的表面粗糙度。

（2）化学作用

有的研磨剂还起化学作用。例如，采用氧化铬、硬脂酸等化学研磨剂进行研磨时，与空气接触的工件表面很快形成一层极薄的氧化膜，而且氧化膜又很容易被研磨掉，这就是研磨的化学作用。

在研磨过程中，氧化膜迅速形成（化学作用），又不断地被磨掉（物理作用）。经过这样的多次反复，工件表面就很快地达到预定要求。由此可见，研磨加工实际体现了物理和化学的综合作用。

3. 研磨的特点及作用

（1）减小表面粗糙度值，经过研磨加工后的表面粗糙度值最小，一般情况表面粗糙度为 $Ra1.6 \sim 0.1~\mu m$，最小可达 $Ra0.012~\mu m$。

（2）能达到精确的尺寸，通过研磨后的尺寸精度可达到 $0.001 \sim 0.005~mm$。

（3）能改进工件的几何形状，使工件得到准确的形状。用一般机械加工方法产生的形状误差都可以通过研磨的方法校正。

4. 研磨余量

由于研磨是微量切削，每研磨一遍所能磨去的金属层不超过 0.002 mm。因此研磨余量不能太大，一般研磨量以 0.005 ~ 0.030 mm 为宜。有时研磨余量就留在工件的公差之内。具体可参见表 1—15、表 1—16、表 1—17。

表 1—15　　　　　　　　　　　　　研磨平面余量　　　　　　　　　　　　　　mm

平面长度	平面宽度		
	≥25	26 ~ 75	76 ~ 150
25	0.005 ~ 0.007	0.007 ~ 0.010	0.010 ~ 0.014
26 ~ 75	0.007 ~ 0.010	0.010 ~ 0.014	0.014 ~ 0.020
76 ~ 150	0.010 ~ 0.014	0.014 ~ 0.020	0.020 ~ 0.024
151 ~ 260	0.014 ~ 0.018	0.020 ~ 0.024	0.024 ~ 0.030

表 1—16　　　　　　　　　　　　　研磨外圆余量　　　　　　　　　　　　　　mm

直 径	余 量	直 径	余 量
≤10	0.005 ~ 0.006	51 ~ 80	0.008 ~ 0.012
11 ~ 18	0.006 ~ 0.008	81 ~ 120	0.010 ~ 0.014
19 ~ 30	0.007 ~ 0.010	121 ~ 180	0.012 ~ 0.016
31 ~ 50	0.008 ~ 0.010	181 ~ 260	0.015 ~ 0.020

表 1—17　　　　　　　　　　　　　研磨内孔余量　　　　　　　　　　　　　　mm

孔径	铸 铁	钢
25 ~ 125	0.020 ~ 0.100	0.010 ~ 0.040
150 ~ 275	0.080 ~ 0.100	0.020 ~ 0.050
300 ~ 500	0.120 ~ 0.200	0.040 ~ 0.060

二、研具的结构特点和研磨剂的配制

在研磨加工中，研具是保证研磨工件几何形状正确的主要因素。因此对研具的材料、几何精度要求较高，而表面粗糙度值要小。

1. 研具材料

研具材料应满足如下技术要求：材料的组织要细致均匀，要有很高的稳定性和耐磨性，具有较好的嵌存磨料的性能，工作面的硬度应比工件表面硬度稍软。

常用的研具材料有如下几种：

（1）灰铸铁

它有润滑性好，磨耗较慢，硬度适中，研磨剂在其表面容易涂布均匀等优点。它是一种研磨效果较好、价廉易得的研具材料，因此得到广泛的应用。

（2）球墨铸铁

球墨铸铁比一般灰铸铁更容易嵌存磨料，且嵌得更均匀且牢固适度，同时还能增加研具的耐用度，采用球墨铸铁制作研具已得到广泛应用，尤其适用于精密工件的研磨。

（3）软钢

软钢的韧性较好，不容易折断，常用来做小型的研具，如研磨螺纹和小直径工具、工件等。

（4）铜

铜较软，表面容易被磨料嵌入，适于做软钢研磨的研具。

2.　研具的类型

生产中需要研磨的工件是多种多样的，不同形状的工件应用不同类型的研具。常用的研具有以下几种：

（1）研磨平板

研磨平板主要用来研磨平面，如块规、精密量具的平面等。研磨平板分为有槽平板和光滑平板两种，如图 1—138 所示。有槽平板用于粗研，研磨时易将工件压平，可防止将研磨面磨成凸弧面。精研时，则应在光滑的平板上进行。

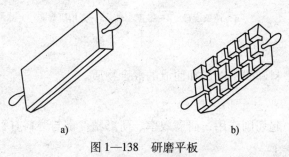

a)　　　　　　　　　　　　　　　b)

图 1—138　研磨平板

a）光滑平板　b）有槽平板

（2）研磨环

研磨环如图 1—139 所示，用来研磨轴类工件的外圆表面。

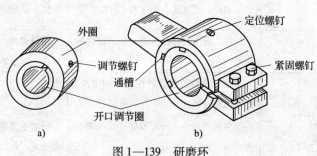

a)　　　　　　　　　　　　　　　b)

图 1—139　研磨环

（3）研磨棒

研磨棒如图 1—140 所示，主要用来研磨套类工件的内孔。研磨棒有固定式和可调式两种，固定式研磨棒制造简单，但磨损后无法补偿，多用于单件工件的研磨。可调式研磨棒的尺寸可在一定的范围内调整，其寿命较长，应用广泛。

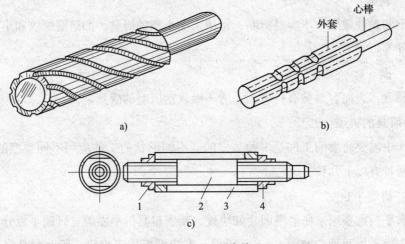

图 1—140　研磨棒

a)、b）固定式　c）可调式

1、4—调整螺母　2—锥度心轴　3—开槽研磨套

3. 研磨剂

研磨剂是由磨料和研磨液调和而成的混合物质。

（1）磨料

磨料在研磨中起切削作用，研磨效率、研磨精度都与磨料有密切的关系。磨料的系列及用途见表 1—18。

表 1—18　　　　　　　　　磨料的系列与用途

系列	磨料名称	代号	特　征	适用范围
氧化铝系	棕刚玉	A	棕褐色，硬度高，韧性大，价格便宜	粗、精研磨钢、铸铁和黄铜
	白刚玉	WA	白色，硬度比棕刚玉高，韧性比棕刚玉差	精研磨淬火钢、高速钢、高碳钢及薄壁零件
	铬刚玉	PA	玫瑰红或紫红色，韧性比白刚玉高，磨削粗糙度值低	研磨量具、仪表零件等
	单晶刚玉	SA	淡黄色或白色，硬度和韧性比白刚玉高	研磨不锈钢、高钒高速钢等强度高、韧性大的材料

系列	磨料名称	代号	特　征	适用范围
碳化物系	黑碳化硅	C	黑色有光泽，硬度比白刚玉高，脆而锋利，导热性和导电性良好	研磨铸铁、黄铜、铝、耐火材料及非金属材料
	绿碳化硅	GC	绿色，硬度和脆性比黑碳化硅高，具有良好的导热性和导电性	研磨硬质合金、宝石、陶瓷、玻璃等材料
	碳化硼	BC	灰黑色，硬度仅次于金刚石，耐磨性好	精研磨和抛光硬质合金、人造宝石等硬质材料
金刚石系	人造金刚石	—	无色透明或淡黄色、黄绿色、黑色，硬度高，比天然金刚石略脆，表面粗糙	粗、精研磨硬质合金、人造宝石、半导体等高硬度脆性材料
	天然金刚石	—	硬度最高，价格昂贵	
其他	氧化铁	—	红色至暗红色，比氧化铬软	精研磨或抛光钢、玻璃等材料
	氧化铬	—	深绿色	

磨料的粗细用粒度表示，按颗粒尺寸分为41个粒度号，有两种表示方法。其中磨粉类有4号，5号，…，240号共27个，粒度号越大，磨粒越细；微粉类有W63，W50，…，W0.5共14个，粒度号越大，磨粒越粗。在选用时应根据精度高低进行选取，常用研磨磨料见表1—19。

表1—19　　　　　常用研磨磨料

粒度号	研磨加工类型	可达表面粗糙度 $Ra/\mu m$
100号~240号	最初的研磨加工	—
W40~W20	粗研磨加工	0.4~0.2
W14~W7	半精研磨加工	0.2~0.1
W5以下	精研磨加工	0.1以下

（2）研磨液

研磨液在加工过程中起调和磨料、冷却和润滑的作用，它能防止磨料过早失效和减小工件（或研具）的发热变形。常用的研磨液有煤油、汽油、10号和20号机械油、锭子油等。

三、研磨方法

研磨分手工研磨和机械研磨两种。手工研磨应注意选择合理的运动轨迹，这对提高研磨效率、工件的表面质量和研具的寿命有直接的影响。手工研磨的运动轨迹有直线形、直线摆动形、螺旋形、8字形和仿8字形等，如图1—141所示。

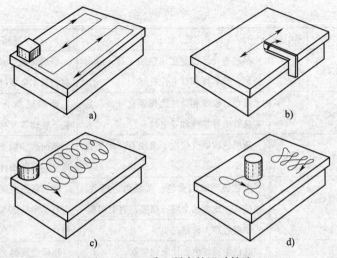

图 1—141　手工研磨的运动轨迹

a）直线形　b）直线摆动形　c）螺旋形　d）8 字形

1. 平面研磨

（1）一般平面的研磨

工件沿平板全部表面用 8 字形、螺旋形或螺旋形和直线形运动轨迹相结合进行研磨，如图 1—141 所示。

（2）狭窄平面研磨

狭窄平面的研磨方法如图 1—142 所示，应采用直线形研磨的运动轨迹。为防止研磨平面产生倾斜和圆角，研磨时可用金属块做"导靠"。研磨工件的数量较多时，可采用 C 形夹，将几个工件夹在一起研磨，既防止了工件加工面的倾斜，又提高了效率。

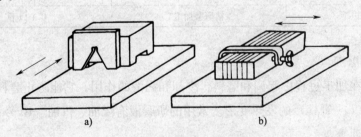

图 1—142　狭窄平面研磨

a）导靠的应用　b）C 形夹的应用

2. 圆柱面研磨

圆柱面研磨一般是手工与机器配合进行研磨。圆柱面研磨分外圆柱面和内圆柱面研磨。

（1）外圆柱面的研磨

如图 1—143 所示，外圆柱面一般是在车床或钻床上用研磨环对工件进行研磨。工件由车床带动，其上均匀涂布研磨剂，用手推动研磨环，通过工件的旋转和研磨环在工件上沿轴线方向做往复运动。一般工件的转速在直径小于 80 mm 时为 100 r/min，直径大于 100 mm 时为 50 r/min。研磨环的往复移动速度，可根据工件在研磨时出现的网纹来控制。当出现 45°交叉网纹时，说明研磨环的移动速度适宜，如图 1—144 所示。

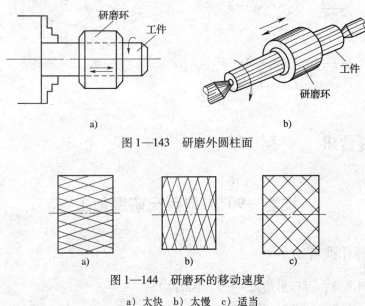

图 1—143　研磨外圆柱面

图 1—144　研磨环的移动速度

a）太快　b）太慢　c）适当

（2）内圆柱面的研磨

内圆柱面的研磨与外圆柱面的研磨正好相反，是将工件套在研磨棒上进行的。研磨时，将研磨棒在机床卡盘上夹紧并转动，把工件套在研磨棒上进行研磨。机体上大尺寸孔应尽量置于垂直地面方向，进行手工研磨。

3．圆锥面的研磨

圆锥面的研磨包括圆锥孔和外圆锥面的研磨。研磨用的研磨棒（环）工作部分的长度应是工件研磨长度的 1.5 倍，锥度必须与工件锥度相同。研磨时，一般在车床或钻床上进行，转动方向应和研磨棒的螺旋槽方向相适应，如图 1—145 所示。在研磨棒或研磨环上均匀地涂上一层研磨剂，插入工件锥孔中或套入工件的外表面旋转 4~5 圈后，将研具稍微拔出些，然后再推入研磨，如图 1—146 所示。研磨接近要求的精度时取下研具，擦去研具和工件表面的研磨剂，重复套上进行抛光，达到加工精度要求为止。

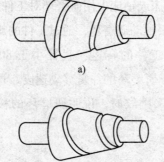

a)

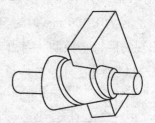

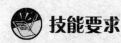

b)

图1—145　圆锥面研磨棒　　　　　图1—146　圆锥面研磨

a）左向螺旋槽　b）右向螺旋槽

技能要求

技能　90°刀口角尺研磨加工

一、操作准备

1. 材料准备：刀口形角尺一把（半成品）。

2. 工具准备：标准平板、研磨剂。

3. 量具准备：刀口形直尺、标准90°角尺、千分尺、表面粗糙度样板等。

二、操作步骤

加工图样如图1—147所示。

步骤1　练习研磨时先用三个小平板分组进行粗磨，要全部研磨到使平板达到平面度0.01 mm，表面粗糙度达 $Ra0.8$ μm。

步骤2　选100号~240号研磨粉对90°角尺两平面作粗研磨，要求全部研磨到为止，表面粗糙度达 $Ra1.6$ μm。

步骤3　用方铁导靠块作导向，粗、精研磨尺座内侧和内侧刀口面。达到两面垂直度0.007 mm，表面粗糙度达 $Ra0.8$ μm的要求。

步骤4　仍用导靠块粗、精研磨尺座外侧和外侧刀口面。达到两面垂直度0.007 mm、平行度0.005 mm、表面粗糙度达 $Ra0.8$ μm的要求。

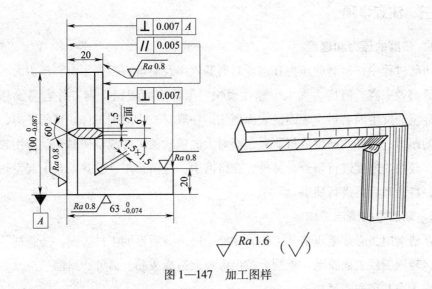

图 1—147　加工图样

步骤 5　研磨时加导靠块的目的是保证移动的平稳性，如图 1—148 所示。两个内、外直角，四条直角边的研磨顺序如图 1—149 所示，从图 1—149a ~ 图 1—149d 分别进行研磨。注意研磨内直角要用护套保护另一面，以免碰伤。

步骤 6　用煤油对 90° 角尺清洗，并做全面的精度检查。

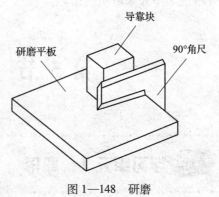

图 1—148　研磨

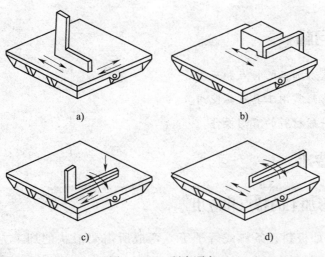

a)　　　　　　　　　b)

c)　　　　　　　　　d)

图 1—149　研磨顺序

三、注意事项

1. 研磨的压力和速度

研磨过程中，研磨的压力和速度对研磨效率及质量有很大影响。压力大、速度快则研磨效率高。但压力太大、速度太快、工件表面粗糙，则工件容易发热而变形，甚至会发生因磨料压碎而使表面划伤。一般对较小的硬工件或粗研磨时，可用较大的压力、较低的速度进行研磨；而对大的较软的工件或精研时，就应用较小的压力、较快的速度进行研磨。另外，在研磨中，应防止工件发热，若引起发热，应暂停，待冷却后再进行研磨。

2. 研磨中的清洁工作

在研磨中，必须重视清洁工作，才能研磨出高质量的工件表面。若忽视了清洁工作，轻则工件表面拉毛，重则会拉出深痕而造成废品。另外，研磨后应及时将工件清洗干净并采取防锈措施。

第 5 节　弯形和矫正

 学习单元 1　弯形

 学习目标

1. 了解弯形加工的特点和应用。
2. 了解弯形常用工具及其使用。
3. 掌握一般材料的弯形操作。

 知识要求

一、弯形加工的特点和应用

将坯料（如板料、条料或管子等）弯成所需要形状的加工方法称为弯形。图1—150所示为多直角形工件的弯形。

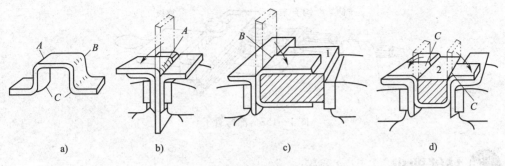

图1—150 多直角形工件的弯形

弯形是通过使材料产生塑性变形而实现的，因此，只有塑性好的材料才能进行弯形。弯形后外层材料伸长；内层材料缩短；中间一层材料长度不变，称为中性层。弯形部分材料虽然产生拉伸和压缩，但其截面积保持不变，如图1—151所示。

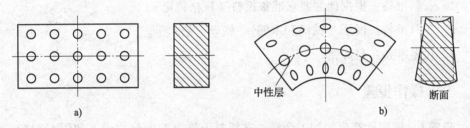

图1—151 弯形

弯形时，越接近材料表面变形越严重，也就越容易出现拉裂或压裂现象。相同厚度的同种材料，外层材料变形的大小取决于弯形半径的大小，弯形半径越小，外层材料变形就越大。为此，必须限制材料的弯形半径。通常材料的弯形半径应大于2倍材料厚度（该半径称为临界半径）。否则，应进行两次或多次弯形，其间应进行退火处理。

二、弯形常用工具及其使用

弯形方法有冷弯和热弯两种。在常温下进行的弯形称为冷弯；当材料厚度大于5 mm及直径较大的棒料和管料工件进行弯形时，常需要将工件加热后再弯形，这种方法称为热弯。弯形虽然是塑性变形，但也有弹性变形存在，为抵消材料的弹性变形，弯形过程中应多弯一些。

冷弯管子一般在弯管工具上进行，如图1—152所示。

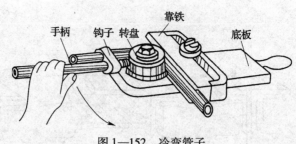

图1—152　冷弯管子

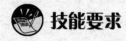　技能要求

技能1　板料的卷边弯形

一、操作准备

1. 材料准备：根据课题要求准备板料（规格待定）。
2. 工具准备：锤子（铁锤和木槌）、铁丝、垫木等。
3. 设备准备：台虎钳。

二、操作步骤

步骤1　根据计算出的加工余量，在板料上划出两条卷边线，如图1—153a所示。

步骤2　将板料放在平台（或方铁、轨道等）上，使其L_2尺寸长度的1/3露出平台，左手压住板料，右手用木槌或方木敲击露出平台部分的边缘，使其向下弯曲成85°～90°角，如图1—153a、b所示。

步骤3　将板料向平台外伸弯曲，直至平台边缘对准第二次卷边线为止，即使露出平台部分等于L_1，并使第一次敲打的边缘靠上平台，如图1—153c、d所示。

步骤4　将板料翻转，使卷边朝上，轻而均匀地敲打卷边向里扣，使卷曲部分逐渐成圆弧形，如图1—153e所示。

步骤5　将铁丝放入卷边内，放入时先从一端开始，以防铁丝弹出，将一端扣好，然后放一段扣一段，全部扣完后，轻轻敲打，使卷边紧靠铁丝，如图1—153f所示。

步骤6　翻转板料，将接口靠住平台的边角，使接口咬紧，如图1—153g所示。

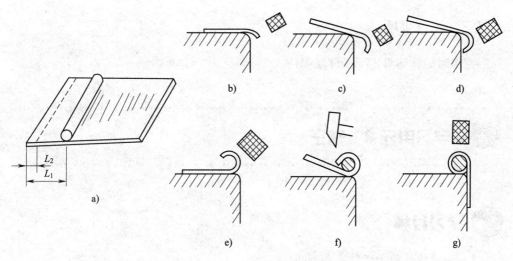

图 1—153 手工卷边操作过程

a）划出卷边线 b）敲打边缘 c）外伸弯曲 d）边缘靠上平台

e）做成圆弧形 f）卷边紧靠铁丝 g）咬紧接口

步骤 7 手工空心卷边的操作过程与夹入铁丝的操作过程一样，只是使卷边与铁丝不要靠得太近，以便最后把铁丝抽拉出来。

技能 2 圆管的弯形

一、操作准备

1．材料准备：根据课题要求准备管料（直径 12 mm 以上）。

2．工具准备：锤子（铁锤和木槌）、干沙、木塞等。

3．设备准备：台虎钳、气焊设备。

二、操作步骤

步骤 1 根据管子弯形的角度将管子定位。

步骤 2 用气焊火焰加热进行管子弯形（管子半径小于 12 mm 的可采用冷弯法）。管子弯形的临界半径必须超过 4 倍管子直径，才可以进行弯管。

步骤 3 为防止管子弯瘪（管子直径在 10 mm 以上时），把干沙灌入管内，两端用木塞塞紧，在焊缝置于中性层的位置上进行弯形，如图 1—154 所示。

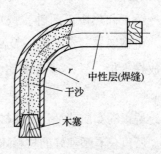

图 1—154 为防止管子弯瘪进行的弯形

三、注意事项

弯形时应预防重击下工件反弹伤人。

 学习单元 2　矫正

 学习目标

1. 了解矫正的加工特点和应用。
2. 了解矫正的常用工具。
3. 掌握一般的矫正方法。

 知识要求

一、矫正的加工特点和应用

消除金属材料或工件不平、不直或翘曲等缺陷的加工方法称为矫正，如图1—155所示。

按矫正操作原理分为延展法和弯形法两种。延展法用于金属板料及角钢的凸起、翘曲等变形的矫正。弯形法主要用来矫正各种

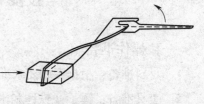

图1—155　矫正

轴类、棒类工件或型材的弯曲变形。按矫正时被矫正工件的温度分类，矫正可分为冷矫正和热矫正两种。按矫正时产生矫正力的方法不同，矫正可分为手工矫正、机械矫正、火焰矫正及高频热点矫正等。钳工常用的手工矫正是将材料或工件放在平板、铁砧或台虎钳上，采用锤击、弯曲、延展或伸张等方法进行的矫正。

矫正的实质就是让金属材料产生新的塑性变形，来消除原来不应存在的塑性变形。所以只有塑性好的材料才能进行矫正。矫正后的金属材料表面硬度提高、性质变脆，这种现象称为冷作硬化。冷作硬化给继续矫正或下道工序加工带来困难，必要时应进行退火处理，恢复材料原来的力学性能。

二、矫正的常用工具

1. 平板和铁砧平板、铁砧及台虎钳等都可以作为矫正板材、型材或工件的基座。

2. 矫正一般材料可采用钳工锤，矫正已加工表面、薄钢件或有色金属制件时，应采用铜锤、木槌或橡胶锤等软锤。图 1—156 所示为用木槌矫正板料。

3. 抽条和拍板抽条是采用条状薄板料弯成的简易手工工具，用于抽打较大面积的板料，如图 1—157 所示。拍板是用质地较硬的檀木制成的专用工具，用于敲打板料。

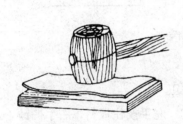

图 1—156　木槌矫正板料　　　　图 1—157　抽打较大面积的板料

4. 螺旋压力工具适用于矫正较大的轴类工件或棒料。

 技能要求

技能 1　对薄板及细线材进行矫正

一、操作准备

1. 材料准备：根据课题要求准备变形的薄板和线材。

2. 工具准备：锤子（铁锤、橡皮锤和木槌）等。

3. 设备准备：台虎钳、工作平台、铁砧。

二、操作步骤

（一）板料中间凸起变形的矫正

步骤 1　将板料凸面向上放在平台上，左手按住板料，右手握锤。

步骤 2　敲击应由板料四周边缘开始，逐渐向凸鼓面中心靠拢，正确的操作如

图 1—158a 所示，图 1—158b 是错误的操作。

步骤 3 板料基本矫正后，再用木槌进行一次调整性敲击，以使整个组织舒展均匀。

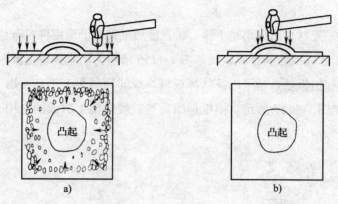

图 1—158　敲击板料

a）正确　b）错误

（二）板料边缘呈波浪形而中间平整的矫正

步骤 1 将边缘呈波浪形板料放在平台上，左手按住板料，右手握锤。

步骤 2 敲击由板料中间开始，逐渐向四周扩散，如图 1—159 所示。

步骤 3 板料基本矫正后，再用木槌进行一次调整性敲击，以使整个组织舒展均匀。

（三）板料发生对角翘曲变形的矫正

步骤 1 将翘曲板料放在平台上，左手按住板料，右手握锤。

步骤 2 先沿着没有翘曲的对角线开始敲击，依次向两侧伸展，使其延伸而矫正，如图 1—160 所示。

步骤 3 板料基本矫正后，再用木槌进行一次调整性敲击，以使整个组织舒展均匀。

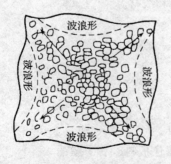

图 1—159　敲击板料

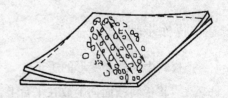

图 1—160　敲击板料

（四）铜箔、铝箔等薄而软的板料发生变形的矫正

如果板料是铜箔、铝箔等薄而软的材料，可用平整的木块在平板上推压材料的表面，使其达到平整，如图 1—161 所示，也可用木槌或橡皮锤敲打。

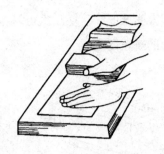

（五）角钢发生内弯、外弯、扭曲和角变形的矫正

步骤 1　将外弯角钢和内弯角钢放在圆筒铁砧或带孔的平台上。

图 1—161　用平整的木块在平板上推压材料的表面

步骤 2　对外弯角钢，锤击两直角边的边缘，从边缘往里锤击，如图 1—162a 所示。对内弯角钢，锤击两直角边的根部，如图 1—162b 所示。

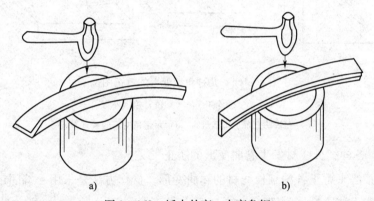

　　　　a)　　　　　　　　　　　　　　　　　b)

图 1—162　锤击外弯、内弯角钢

步骤 3　将扭曲角钢的一端夹紧在台虎钳上。

步骤 4　用呆扳手夹住角钢另一端的直角边，用力使角钢沿相反的方向扭转，并稍微超过角钢的正常状态，如图 1—163 所示。

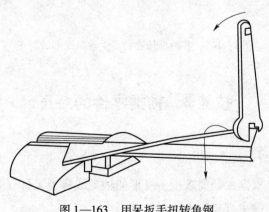

图 1—163　用呆扳手扭转角钢

步骤5 反复几次可基本消除角钢的扭曲变形。图1—164 所示为几种角钢变形的矫正图例。

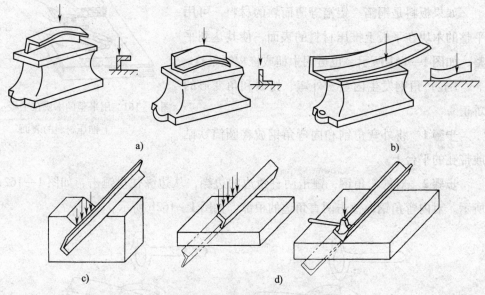

图1—164　几种角钢变形的矫正图例

a) 矫直角钢内弯　b) 矫直角钢外弯

c) 在铁砧上矫正角钢扭曲　d) 角钢角变形的矫正木板

（六）各种细长线材发生卷曲变形的矫正

用伸张法来矫正各种细长线材的卷曲变形，操作方法是采用一端固定，另一端用木板夹或木棒滚拉，如图1—165 所示。

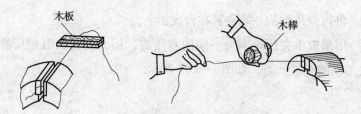

图1—165　各种细长线材发生卷曲变形的矫正

技能2　轴类零件的矫正

一、操作准备

1. 材料准备：根据课题要求准备变形的轴类或棒类工件（规格待定）。

2. 工具准备：锤子（铁锤和木槌）等。

3．设备准备：台虎钳、工作平台。

二、操作步骤

步骤1 矫直前，先查明弯曲程度和部位，做上标记。

步骤2 使凸起部位向上置于平台，用锤子连续锤击凸处，使凸起部位材料受压缩短，凹入部位受拉伸长，以消除弯曲变形。

步骤3 对直径较大的轴类、棒类工件，一般先把轴装在顶尖上，找出弯曲部位，用压力机在轴的凸起部位加压校直，如图1—166所示。

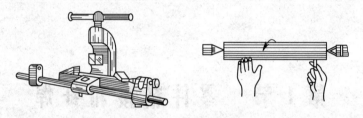

图1—166 用压力机在轴的凸起部位加压校直

三、注意事项

1．矫正时要注意防止高温烫伤。

2．矫正时要看准变形部位，分层次进行，不可弄反。

3．对已经加工工件进行矫正时，要注意保持工件的表面质量，不能有明显的锤击印迹。

4．矫正时，不能超过材料的变形极限。

第2章

机械装配

第1节　零件粘接和钎焊

 学习单元1　粘接

 学习目标

1. 了解粘接的实际应用。
2. 认识和熟悉黏结剂的种类和选用。
3. 能正确掌握一般零件的粘接操作。

 知识要求

一、粘接的应用

用黏结剂把不同或相同材料牢固地连接在一起的操作方法，称为粘接。粘接是一种先进的工艺方法，它具有工艺简单，操作方便，连接可靠，变形小以及密封、绝缘、耐水、耐油等特点，所粘接的工件不需经过高精度的机械加工，也无须特殊的设备和贵重原材料，特别适用于不易铆焊的场合，因此，在各种机械设备修复过程中，取得了良好的效果。粘接的缺点是不耐高温、粘接强度较低。目前，它以快速、牢固、节能、经济等优点代替了部分传统的铆接、焊接及螺纹连接等工艺。

二、黏结剂的种类和选用

1. 无机黏结剂及其使用

无机黏结剂由磷酸溶液和氧化物组成，在维修中应用的无机黏结剂主要是磷酸 – 氧化铜黏结剂，有粉状、薄膜、糊状、液体等几种形态。其中，以液体状态使用最多。无机黏结剂虽然有操作方便、成本低的优点，但与有机黏结剂相比还有强度低、脆性大和适用范围小的缺点。

使用无机黏结剂时，工件接头的结构形式应尽量适用套接和槽榫接，避免平面对接和搭接，连接表面要尽量粗糙，可以滚花和加工成沟纹，以提高粘接的牢固性。

无机黏结剂可用于螺栓紧固、轴承定位、密封堵漏等，但它不适宜粘接多孔性材料和间隙超过 0.3 mm 的缝隙。粘接前，应进行粘接面的除锈、脱脂和清洗操作。

2. 有机黏结剂及其使用

有机黏结剂是一种高分子有机化合物，常用的有机黏结剂有以下两种：

（1）环氧黏结剂

黏合力强，硬化收缩小，能耐化学药品、溶剂和油类的腐蚀，电绝缘性能好，使用方便，并且施加较小的接触压力，在室温或不太高的温度下就能固化。其缺点是脆性大、耐热性差。由于其对各种材料有良好的粘接性能，因而得到广泛的应用。

粘接前，粘接表面一般要经过机械打磨或用砂布仔细打光，粘接时，用丙酮清洗粘接表面，待丙酮风干挥发后，将环氧树脂涂在连接表面，涂层为 0.1 ~ 0.15 mm，然后将两粘接件压合在一起，在室温或不太高的温度下即能固化。

（2）聚丙烯酸酯黏结剂

这类黏结剂常用的牌号有 501 和 502。其特点是无溶剂，呈一定的透明状，可室温固化。缺点是固化速度快，不宜大面积粘接。

随着高分子材料的发展，新的高效能的黏结剂不断产生，粘接在量具和刃具制造、设备装配维修、模具制造及定位件的固定等方面的应用日益广泛。

 **技能要求**

技能 1　钻头接长粘接

一、操作准备

1. 材料准备：待接长的钻头、丙酮清洗液、环氧树脂。
2. 工具准备：锉刀或砂纸。
3. 设备准备：打磨机。

二、操作步骤

步骤 1　把待粘接的钻头机械打磨或用砂纸磨光。

步骤 2　对粘接面用丙酮溶液清洗。

步骤 3　按比例正确调制磷酸–氧化铜无机黏结剂，涂敷黏结剂，涂层为 $0.1 \sim 0.15$ mm。

步骤 4　安装定位、固化即可完成钻头接长的粘接，如图 2—1 所示。

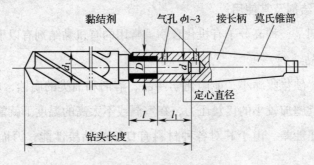

图 2—1　钻头接长粘接

技能 2　机床导轨粘接

一、操作准备

1. 材料准备：机床导轨、聚四氟乙烯轨板、丙酮清洗液、J–2012 导轨胶。
2. 工具准备：测量仪等。
3. 设备准备：刨床。

二、操作步骤

步骤 1 测量机床中心差值，选取填充聚四氟乙烯层压板，并按粘接面尺寸下料。

步骤 2 将粘接面磨平。

步骤 3 用洁净纱布蘸丙酮清洗粘接面的油污至洁净。

步骤 4 将 J－2012 导轨胶 A、B 两组按 1∶1 的比例（重量比）在容器里充分调匀，涂于清洁的被粘接面上。将选好的填充聚四氟乙烯层压板粘上，压上尾座底板；室温固化 2～3 天即可使用，如图 2—2 所示。

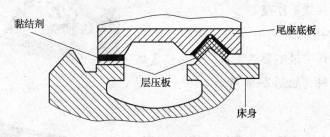

图 2—2 机床导轨粘接

三、注意事项

使用无机黏结剂必须选择好接头的结构形式，尽量使用套接，避免平面对接和搭接。接合处的表面尽量粗糙，可滚花、铣浅槽或车出浅螺纹，以提高黏合强度。粘接前，还应进行粘接面的除锈、脱脂和清洗操作。粘接后的工件须经适当的干燥硬化才能使用。

 **学习单元 2 钎焊**

 学习目标

1. 了解钎焊的实际应用。

2. 认识和熟悉焊剂的种类和选用。

3. 能正确掌握一般零件的钎焊操作。

知识要求

一、钎焊的实际应用和应用特点

利用工具将钎料加热熔化后而将工件连接起来的操作方法称为钎焊，如图2—3所示。

钎焊的优点是被焊工件不产生变形，焊接设备简单，操作方便。一般用于焊接强度要求不高或要求密封性较好的连接，以及电气元件或电气设备的接线头连接等。

锡焊时常用的工具有烙铁、烘炉、喷灯等。烙铁是锡焊中最主要的工具，分火热式烙铁和电烙铁两种，如图2—4所示。

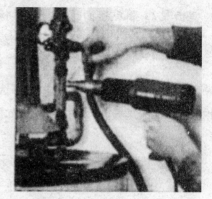

图2—3　钎焊

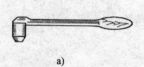

a)

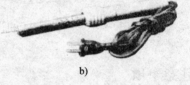

b)

图2—4　烙铁

a）火热式烙铁　b）电烙铁

烙铁的握法如图2—5所示。

a)

b)

c)

图2—5　烙铁的握法

a）反握法　b）正握法　c）笔握法

二、焊剂的种类和选用

1. 焊料

锡焊用的焊料叫焊锡，是一种锡铅合金，熔点一般为180～300℃。

2. 焊剂

焊剂称焊药，锡焊时必须使用焊剂，其作用是清除焊缝处的金属氧化膜，提高焊锡的黏附能力和流动性，增加焊接强度。锡焊常用的焊剂及应用见表 2—1。

表 2—1　　　　　　　　　　　锡焊常用的焊剂及应用

焊剂名称	应　用
稀盐酸	用于锌板或镀锌钢板的焊接
氯化锌溶液	一般锡焊均可以使用
焊膏	用于小工件焊接和电线接头等
松香	主要用于黄铜、纯铜等的焊接

 技能要求

技能 1　锡 焊 操 作

一、操作准备

1. 材料准备：砂纸、氯化锌溶液、焊锡。
2. 工具准备：电烙铁或火热式烙铁、锉刀、木片或毛刷等。

二、操作步骤

步骤 1　用锉刀、锯条片或砂纸清除焊接处的油污和锈蚀。

步骤 2　按焊接工件的大小选择不同功率的电烙铁或火热式烙铁，接通电源或用火加热烙铁。烙铁加热到 250～550℃（切忌温度过高），然后在氯化锌溶液中浸一下，再蘸上一层焊锡。用木片或毛刷在工件焊接处涂上焊剂。

步骤 3　将烙铁放在焊缝处，稍停片刻，使工件表面发热，然后均匀缓慢地移动，使焊锡填满焊缝，如图 2—6 所示。

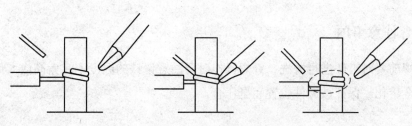

图 2—6　手工锡焊步骤

步骤4　用锉刀清除焊接后残余焊锡，并用热水清洗焊剂，然后擦净烘干。

技能2　铜焊操作

一、操作准备

1. 材料准备：砂纸、NaOH 溶液或松香。
2. 工具准备：电烙铁或火热式烙铁、锉刀、木片或毛刷等。
3. 设备准备：压力机或台虎钳。

二、操作步骤

步骤1　铜钎焊前，用质量分数为10%的 NaOH 溶液，在80~90℃温度下将铜件浸泡到溶液中8~10 min，然后用清水冲洗。

步骤2　选择电烙铁，加热到250~550℃。

步骤3　将钎料加热到420~460℃，放于工件表面。

步骤4　给铜件施压，将其相互压合，待冷却后，清理一下周边，即可使用，如图2—7所示。

图2—7　铜钎焊件

三、注意事项

钎焊前要对工件进行清洗，钎焊操作时要注意铬铁的温度不宜太高或太低，钎料要完全熔化，保证被焊件位置完全压合。

第 2 节　固定连接的装配

 学习单元 1　键连接的装配

 学习目标

1. 能够辨认键连接的种类，说出各自的应用特点。
2. 能够识别键的代号、正确选用键。
3. 能够完成各种键连接的装配操作。

 知识要求

　　键是用来连接轴和轴上零件，用于周向固定以传递扭矩的一种机械零件。它有结构简单、工作可靠、装拆方便等优点，因此获得了广泛应用。根据结构特点和用途不同，键连接可分为松键连接、紧键连接和花键连接，如图 2—8 所示。

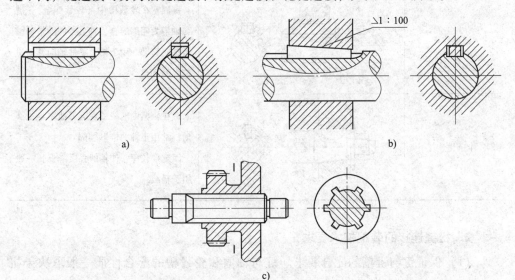

图 2—8　键连接的类型

a）松键连接　b）紧键连接　c）花键连接

一、松键连接的装配

1. 松键连接及应用特点

松键连接是靠键的侧面来传递扭矩，只对轴上零件做周向固定，不能承受轴向力（见表2—2）。松键连接能保证轴与轴上零件有较高的同轴度，在高速精密连接中应用较多。松键连接包括普通平键连接、导向平键连接、滑键连接和半圆键连接等。

表2—2　　　　　　　　　　　松键连接的类型和应用特点

松键连接类型	装配简图	应用特点
普通平键连接		常用于高精度、传递重载荷、冲击及双向扭矩的场合，应用广泛
导向平键连接		键用螺钉固定在轴上，键与轮毂槽采用间隙配合，轴上零件能做轴向移动。常用于轴上零件轴向移动量不大的场合
滑键连接		键固定在轮毂槽中（较紧配合），键与轴槽为间隙配合，轴上零件能带动键做轴向移动。用于轴上零件轴向移动量较大的场合
半圆键连接		键在轴槽中能绕槽底圆弧曲率半径摆动，常用于轴的锥形端部 因键槽较深，使轴的强度降低，一般用于轻载

2. 松键连接的装配技术要求

（1）保证键与键槽的配合要求。键与轴槽和轮毂槽的配合性质一般取决于机构的工作要求，由于键是标准件，各种不同的配合性质的获得要靠改变轴槽、轮毂槽的极限尺寸来得到。松健连接的配合性质及应用见表2—3。

表 2—3　　　　　　　　　　　键连接的配合种类及其应用范围

配合种类	尺寸 b 的公差			应用范围
	键	轴槽	轮毂槽	
较松连接	h9	H9	D10	主要用于导向平键
一般连接		N9	Js9	用于传递载荷不大的场合，在一般机械中应用广泛
较紧连接		P9		用于传递重载荷、冲击载荷及双向传递转矩的场合

（2）键与键槽应具有较小的表面粗糙度。通常键两侧工作面的表面粗糙度 Ra 值应小于 1.6 μm，键槽两侧面的表面粗糙度 Ra 为 1.6 ~ 3.2 μm，其余非工作面的表面粗糙度 Ra 值为 6.3 μm。

（3）键装入轴槽中应与槽底贴紧，键长方向与轴槽有 0.1 mm 的间隙，键的顶面与轮毂槽之间有 0.3 ~ 0.5 mm 的间隙。

3．平键的标准代号

松键连接中以平键连接应用最多。平键属于标准件，在使用时按相应的规格选择即可。平键有 A 型（圆头）、B 型（方头）和 C 型（单圆头）三种形式，如图 2—9 所示。

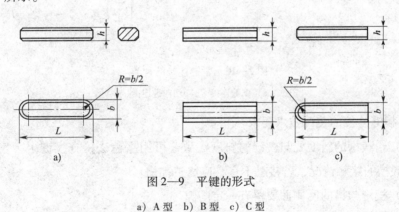

图 2—9　平键的形式

a）A 型　b）B 型　c）C 型

平键的标准代号及含义如下：

（1）"键 16×100　GB/T 1096—2003"，表示是 A 型（圆头）普通平键，键宽 $b = 16$ mm，键长 $L = 100$ mm。国家标准序号第 1096 号，2003 年发布。

（2）"键 B16×100　GB/T 1096—2003"，表示是 B 型（方头）普通平键，其他字符的含义同上。

（3）"键 B16×100　GB/T 1097—2003"，表示是 B 型（方头）导向平键，国家标准序号第 1097 号，其他字符的含义同上。

二、紧键连接的装配

1. 紧键连接及应用特点

紧键连接分为楔键连接和切向键连接，如图 2—10 所示。楔键的上下两面是工作面，键的上表面和轮毂槽的底面均有 1:100 的斜度，键侧与键槽间有一定的间隙。装配时须打入，靠过盈来传递扭矩。切向键连接是两个楔键反向装配构成。紧键连接能轴向固定零件和传递单方向轴向力，但易使轴上零件与轴的配合产生偏心和歪斜。故多用于对中性要求不高、转速较低的场合。钩头楔键用于不能从另一端将键打出的场合。

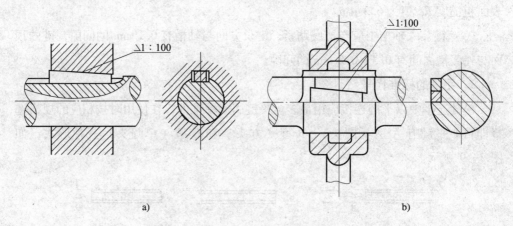

图 2—10　紧键连接的种类

a）楔键连接　b）切向键连接

2. 楔键连接的装配技术要求

（1）轮毂槽的斜度要与楔键的斜度一致，可用涂色法检查楔键上下表面与轴槽或轮毂槽的接触情况，若接触不良，应修整键槽。

（2）楔键与槽的两侧面要留有一定间隙。

（3）对于钩头楔键，不应使钩头紧贴套件端面，必须留有一定距离，以便拆卸。

三、花键连接的装配

1. 花键连接及应用特点

花键连接是由带键齿的轴（外花键）和轮毂（内花键）组成，两个零件上的键齿在圆周上均匀分布且齿数相同，如图 2—11 所示。

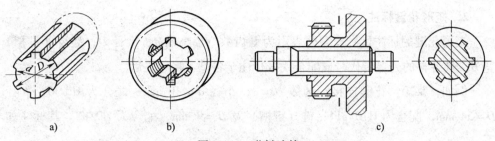

图 2—11　花键连接

a）外花键　b）内花键　c）花键连接

花键连接具有承载能力强、传递扭矩大、同轴度和导向性好、对轴的强度削弱小等特点，适用于大载荷和同轴度要求较高的连接，在机床和汽车工业中应用广泛。

按工作方式分，花键连接有静连接和动连接两种，动连接主要用于滑移齿轮变速机构。花键已标准化，按齿廓形状分，主要有矩形花键和渐开线花键两类，如图 2—12 所示。矩形花键加工方便，应用更广泛。

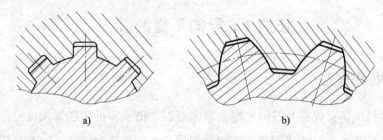

图 2—12　花键种类

a）矩形花键　b）渐开线花键

矩形花键配合的定心方式有大径定心、小径定心和键侧定心三种方式，如图 2—13 所示。GB/T 1144—2001《矩形花键尺寸、公差和检验》中规定采用精度高、质量好的小径定心方式。

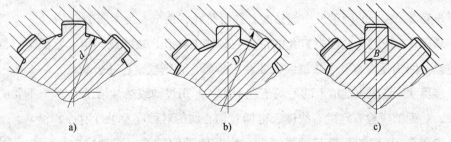

图 2—13　矩形花键连接的定心方式

a）内径定心　b）外径定心　c）齿侧定心

2. 矩形花键标注

矩形花键的标注代号按顺序表示为键齿数 N、小径 d、大径 D、键齿（键槽）宽 B，其各自的公差带代号或配合代号标注于各基本尺寸之后。

例如，某矩形花键连接，键数 $N = 8$，小径 $d = 40$ mm，配合为 H6/f6；大径 $D = 54$ mm，配合为 H10/a11；键（键槽）宽 $B = 9$ mm，配合为 H9/d8。其标注如下：

花键规格：$N \times d \times D \times B$——$8 \times 40 \times 54 \times 9$。

花键副：在装配图上标注花键规格和配合代号 8×40（H6/f6 $\times$ 54H10/a11 $\times$ 9H9/d8。

内花键：在零件图上标注花键规格和尺寸公差带代号 8×40H6 $\times$ 54H10 $\times$ 9H9。

外花键：在零件图上标注花键规格和尺寸公差代号 8×40f6 $\times$ 54a11 $\times$ 9d8。

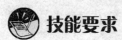 **技能要求**

技能 1　导向平键的装配

一、操作准备

1. 材料准备：规格相符的平键、紧固螺钉、清洗零件用的煤油或柴油。
2. 工具准备：锤子或铜棒、攻制紧固螺钉孔的丝锥和铰杠、修毛刺用的锉刀。
3. 设备准备：手电钻或台式钻床。

二、操作步骤

步骤 1　根据要求将键长加工到需要的长度，保证键长与键槽有 0.1 mm 或以上的间隙，并端修整部。

步骤 2　在键的两端及中部钻或者锪台阶孔，用于安装紧固螺钉。

步骤 3　按键上紧固螺钉孔的位置在轴槽上钻孔、攻螺纹，用于紧固螺钉旋入固定键。因为是在盲孔上攻螺纹，要注意排屑，否则丝锥容易折断。

步骤 4　将键和键槽上的毛刺清理干净，并用煤油或柴油清洗（对于重要的键连接，装配前应检查键的直线度、键槽对轴心线的对称度及平行度等）。

步骤 5　用键的头部与轴槽试配，应能使键较紧地嵌在轴槽中。若装入时较紧，可在配合面上加机油，并用铜棒轻轻打入，保证与键槽底部紧贴。再用紧固螺钉将键固定。

步骤 6　最后试配并安装套件（如齿轮、带轮等）。注意键的顶部与键槽底面应留有间隙，以便轴与套件达到同轴度要求。

步骤 7　装配完成后，检查套件在轴上是否能灵活滑移，并且不能有明显的周向摆动，否则容易引起冲击和振动。

三、注意事项

1. 在攻制紧固螺钉孔时，一定要注意及时清除切屑。因为是在盲孔上攻螺纹，切屑会堆积在孔底部，影响丝锥的攻入。所以在攻制到一定阶段，要将丝锥完全退出，将切屑清除再重新攻入，否则容易使丝锥折断。

2. 导向平键与轮毂槽是间隙配合，要求装配完成后能够自如滑移。所以在装配之前，应分别检查轮毂孔与轴以及轮毂槽与键是否为间隙配合。

技能 2　花键连接的装配

一、操作准备

1. 材料准备：清洗零件用的煤油或柴油。
2. 工具准备：锤子或铜棒、修毛刺用的锉刀。

二、操作步骤

步骤 1　将键和键槽上的毛刺清理干净，并用煤油或柴油清洗待装配的零件。

步骤 2　将花键轴与花键孔对齐、装入。

步骤 3　如果是静连接的花键，花键轴与花键孔有过盈量，装配时可用铜棒轻轻敲入，但不得过紧，以防拉伤配合表面。过盈量较大时，应将套件加热至 80 ~ 120℃后进行热装。

步骤 4　动连接的花键在装配完成后，应检查套件在轴上是否能灵活滑移。

三、注意事项

花键的键齿在圆周上是均匀分布的，如果制造精度足够高，无论在哪个方向装配，都能够顺利装入。但往往由于制造的误差，键齿在圆周上的分布不是完全对称的，所以在装配时应该选择一个最合适的方位装入，特别是有滑移要求的动连接花键。

 学习单元2 销连接的装配

学习目标

1. 能够辨认销连接的种类，说出各自的应用特点。
2. 能够识别销的代号，正确选用销。
3. 能够完成各种销连接的装配和拆卸。

知识要求

一、销的基本形式

销按外形不同主要有圆柱销和圆锥销两种（见图2—14），其他形式的销都是由它们演化而来。销是标准件，其规格用直径和长度表示，在使用时，按标准选择其形式和规格尺寸即可。销的制造材料通常是软钢，如08F、Y15等，对于要求比较高、受力较大的场合，也会用到中碳钢或弹簧钢，如内燃机的活塞销。

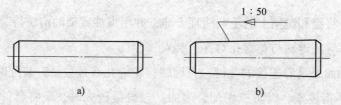

图2—14　圆柱销和圆锥销

a）圆柱销　b）圆锥销

根据使用场合和具体情况的不同，销会有一些不同的细节结构，如空心销、弹性圆柱销（见图2—15a）、带内螺纹的圆柱销等（见图2—15b）。

二、销连接的应用

销连接的应用有定位、连接和作为安全销三种形式，如图2—16所示。

a)　　　　　　　　　　　　　b)

图 2—15　弹性圆柱销和带内螺纹孔的圆柱销

a）弹性圆柱销　b）带内螺纹的圆柱销

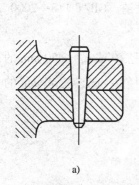
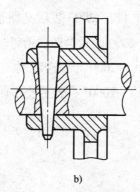
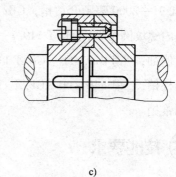

a)　　　　　　　　　b)　　　　　　　　　c)

图 2—16　销连接的实际应用

a）定位销　b）连接销　c）安全销

1. 定位销

用来确定零件之间相互位置的销，通常称为定位销。定位销常采用圆锥销，因为圆锥销具有 1:50 的锥度，使连接具有可靠的自锁性，且多次装拆也不影响连接零件的相互位置精度。定位销在连接中一般不承受或只承受很小的载荷。定位销的直径可按结构要求确定，使用数量不少于 2 个。圆柱销用于定位时，多次装拆会降低连接的可靠性和影响定位精度，因此多用于不经常拆卸的定位连接中。

2. 连接销

用来传递动力或扭矩的销称为连接销，可采用圆柱销或圆锥销，销孔应该经铰制。连接销工作时受剪切和挤压作用，其尺寸应根据结构特点和工作情况，按经验和标准选取，必要时应做强度校核。

3. 安全销

当传递的动力或扭矩过载时，用于连接的销首先被剪断，从而保护被连接零件免受损坏，这种销称为安全销。销的尺寸通常以过载 20% ~ 30% 时即折断为依据确定。使用时，应考虑销折断后不易飞出和易于更换，因此，必要时可在销上切出槽口。

4．开口销

通常在实际应用中，还有一种销称为开口销（见图2—17），其外形像发卡。这种销一般不能传递动力，也不用于定位，主要用于防松结构。

图2—17　开口销

三、销的标准代号

销是标准件，在国家标准（GB）中对各种形式的销都有规定的标准号。如GB/T 91—2000 表示开口销，GB/T 117—2000 表示是圆锥销，GB/T 118—2000 表示是内螺纹圆锥销，GB/T 119.1—2000 表示是圆柱销等。

例如，"销 B10×50　GB/T 119—2000"，表示公称直径10 mm、长50 mm的B型圆柱销；"销 A10×60　GB/T 117—2000"，表示公称直径10 mm、长60 mm的A型圆锥销。

 技能要求

技能1　圆锥销连接的装配

一、操作准备

1．材料准备：圆锥销、机油、清洗零件用的煤油或柴油。

2．工具准备：锤子或铜棒、锥铰刀和铰杠、钻头。

3．设备准备：手电钻或台式钻床。

二、操作步骤

步骤1　首先将被连接件找正并固定在一起。

步骤2　按销的小端直径选择钻头，将两被连接件钻孔。如果是盲孔，应注意钻孔深度比小端长度略长一些。

步骤3　配铰两个定位销孔。注意铰孔直径的大小，以锥销长度的80%能自由插入为宜。

步骤4　清洁销孔和要装入的销，将销用铜棒敲入或用锤子加垫块敲入（见图2—18）。装配前可在配合面上加少许机油。

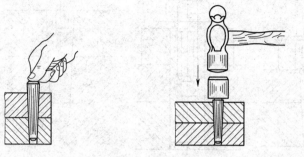

图 2—18　销的装入方法

步骤 5　检查装配后的高度，以锥销的大端（倒角部分）可稍露出或平于被连接件为准（见图 2—19）。

图 2—19　销装配的正确高度

a）正确　b）不正确

三、注意事项

通过圆锥销定位时，通常要求销装入被连接件并按规定力度拧紧后，销应该与被连接件表面基本平齐，高出部分不超过销的倒角大小。为保证这一要求，配铰时应特别注意所铰锥孔的直径大小，即控制锥铰刀铰入的深度。另外，被连接的材料不同其变形量也不同，在试配时自由插入后预留的长度也应不同，塑性材料留多些，脆性材料留少些。

技能 2　销连接的拆卸

拆卸普通圆柱销和圆锥销时，可用锤子和冲棒轻轻敲击（圆锥销从小端向大端敲击）的方法。有螺尾的圆锥销可用螺母旋出。拆卸带内螺纹的圆锥销和圆柱销时，可用螺纹相符的螺钉取出，也可用拔销器拔出，如图 2—20 所示。

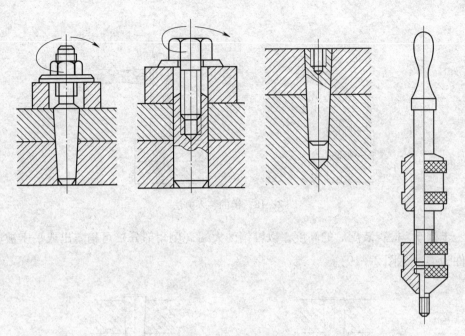

图 2—20 销连接的拆卸

第 3 节 传动结构的装配

学习单元 1 齿形链传动的装配

学习目标

1. 能够辨认链传动的种类，说出其应用特点。
2. 能够识别传动链的种类、型号。
3. 能够完成齿形链传动的装配操作。

知识要求

链传动是由两个链轮和连接它们的链组成（见图 2—21），通过链和链轮的啮合来传递运动和动力。

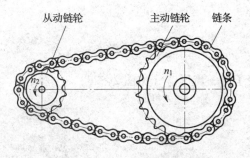

从动链轮　　　主动链轮　链条

图 2—21　链传动

一、链传动

1. 链的类型

链按用途分为传动链、起重链和牵引链（见图 2—22）。

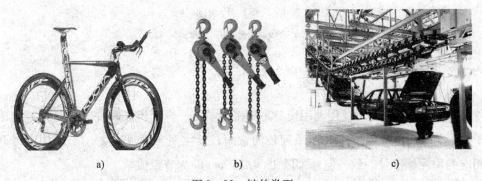

a)　　　　　　　　　　b)　　　　　　　　　　c)

图 2—22　链的类型

a）传动链　b）起重链　c）牵引链

传动链用于一般机械中传递运动和动力，通常工作速度 $v \leqslant 15$ m/s；起重链主要用于起重机械中提起重物，其工作速度 $v \leqslant 0.25$ m/s；牵引链主要用于链式输送机中移动重物，其工作速度 $v \leqslant 4$ m/s。

2. 链传动的特点

链传动兼有带传动和齿轮传动的特点。

（1）和带传动相比，链传动能保持平均传动比不变；传动效率高；张紧力小，因此作用在轴上的压力较小；能在低速重载和高温条件下及尘土飞扬的不良环境中工作。

（2）和齿轮传动相比，链传动可用于中心距较大的场合且制造精度较低。

（3）链传动只能传递平行轴之间的同向运动，不能保持恒定的瞬时传动比，运动平稳性差，工作时有噪声。

二、传动链

1. 种类

常用的有套筒滚子链、齿形链（见图2—23）。

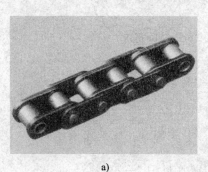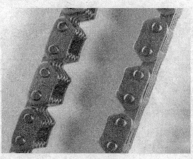

a)   b)

图2—23　传动链

a）套筒滚子链　b）齿形链

2. 型号与标记

（1）滚子链

GB/T 1243—2006《传动用短节距精密滚子链、套筒链、附件和链轮》规定滚子链分为A、B系列，其中A系列较为常用，其主要参数见表2—4。表中链号和相应的国际标准号一致，链号乘以25.4/16 mm即为节距值。

表2—4　　　　A系列滚子链的基本参数和尺寸（GB/T 1243—2006）

链号	节距 p/ mm	排距 P_t/ mm	滚子外径 d_1/mm	内链节内宽 b_1/mm	销轴直径 d_2/mm	内链板高度 h_2/mm	单排极限拉伸载荷 F_Q/kN	单排每米质量 q/（kg/m）
08A	12.70	14.38	7.92	7.85	3.98	12.07	13.8	0.60
10A	15.875	18.11	10.16	9.40	5.09	15.09	21.8	1.00
12A	19.05	22.78	11.91	12.57	5.96	18.08	31.1	1.50
16A	25.40	29.29	15.88	15.75	7.94	24.13	55.6	2.60
20A	31.75	35.76	19.05	18.90	9.54	30.18	86.7	3.80
24A	38.10	45.44	22.23	25.22	11.11	36.20	124.6	5.60
28A	44.45	48.87	25.40	25.22	12.71	42.24	169.0	7.50
32A	50.80	58.55	28.58	31.55	14.29	48.26	222.4	10.10
40A	63.50	71.55	39.68	37.85	19.85	60.33	347.0	16.10
48A	76.20	87.83	47.63	47.35	23.81	72.39	500.4	22.60

滚子链的标记为：链号—排数—链节数　标准号。

例如：16A—1—82 GB/T 1243—2006

表示：A 系列滚子链、节距为 25.4 mm、单排、链节数为 82、制造标准 GB/T 1243—2006。

滚子链有单排、双排、多排。排数一般不超过三排或四排，以免由于制造和安装误差的影响使各排链受载不均。

（2）齿形链

由一组齿形链板并列铰接而成，链板两个工作侧面间夹角为 60°。齿形链基本参数见表 2—5。

表 2—5　　　　　　齿形链的基本参数（GB/T 10855—2003）

链号	节距 p	链宽 b	s[①]	H	h	δ	b_1	b_2	导向形式	片数 n	极限拉伸载荷 Q	每米质量 q
	mm	最小 mm	mm	最小 mm	mm	mm	最大 mm	最大 mm			最小 kN	≈ kg/m
CL06	9.525	13.5	3.57	10.1	5.3	1.5	18.5	20	外	9	1 000	0.60
		16.5					21.5	23	外	11	1 250	0.73
		19.5					24.5	26	外	13	1 500	0.85
		22.5					27.5	29	外	15	1 750	1.00
		28.5					33.5	35	内	19	2 250	1.26
		34.5					39.5	41	内	23	2 750	1.53
		40.5					45.5	47	内	27	3 250	1.79
		46.5					51.5	53	内	31	3 750	2.06
		52.5					57.5	59	内	35	4 250	2.33
CL08	12.70	19.5	4.76	13.4	7.0	1.5	24.5	26	外	13	2 340	1.15
		22.5					27.5	29	外	15	2 740	1.33
		25.5					30.5	32	外	17	3 130	1.50
		28.5					33.5	35	内	19	3 520	1.68
		34.5					39.5	41	内	23	4 300	2.04
		40.5					45.5	47	内	27	5 080	2.39
		46.5					51.5	53	内	31	5 860	2.74
		52.5					57.5	59	内	35	6 640	3.10
		58.5					63.5	65	内	39	7 430	3.45
		64.5					69.5	71	内	43	8 210	3.81
		70.5					75.5	77	内	47	8 990	4.16

续表

链号	节距 p mm	链宽 b 最小 mm	s① mm	H 最小 mm	h mm	δ mm	b_1 最大 mm	b_2 最大 mm	导向形式	片数 n	极限拉伸载荷 Q 最小 kN	每米质量 q ≈ kg/m
CL10	15.875	30	5.95	16.7	8.7	2.0	37	39	内	15	4 560	2.21
		38					45	47	内	19	5 860	2.80
		46					53	55	内	23	7 170	3.39
		54					61	63	内	27	8 470	3.99
		62					69	71	内	31	9 770	4.58
		70					77	79	内	35	11 100	5.17
		78					85	87	内	39	12 400	5.76
CL12	19.05	38	7.14	20.1	10.5	2.0	45	47	内	19	7 040	3.37
		46					53	55	内	23	8 600	4.08
		54					61	63	内	27	10 200	4.78
		62					69	71	内	31	11 700	5.50
		70					77	79	内	35	13 300	6.20
		78					85	87	内	39	14 900	6.91
		86					93	95	内	43	16 400	7.62
		94					101	103	内	47	18 000	8.33
CL16	25.40	45	9.52	26.7	14.0	3.0	53	56	内	15	11 100	5.31
		51					59	62	内	17	12 500	6.02
		57					65	68	内	19	14 100	6.73
		69					77	80	内	23	17 200	8.15
		81					89	92	内	27	20 300	9.57
		93					101	104	内	31	23 500	10.98
		105					113	116	内	35	26 600	12.41
		117					125	128	内	39	29 700	13.82
CL20	31.75	57	11.91	33.4	17.5	3.0	67	70	内	19	16 500	8.42
		69					79	82	内	23	20 100	10.19
		81					91	94	内	27	23 700	11.96
		93					103	106	内	31	27 300	13.73
		105					115	118	内	35	31 000	15.50
		117					127	130	内	39	34 600	17.27

续表

链号	节距 p	链宽 b	$s^{①}$	H	h	δ	b_1	b_2	导向形式	片数 n	极限拉伸载荷 Q	每米质量 q
	mm	最小 mm	mm	最小 mm	mm	mm	最大 mm	最大 mm			最小 kN	$\approx$ kg/m
		69					81	84	内	23	24 100	12.22
		81					93	96	内	27	28 500	14.35
		93					105	108	内	31	32 800	16.48
CL24	38.10	105	14.29	40.1	21.0	3.0	117	120	内	35	37 100	18.61
		117					129	132	内	39	41 500	20.73
		129					141	144	内	43	45 800	22.86
		141					153	156	内	47	50 200	24.99

①　s 的公差为 h10。

1）分类。按导向形式不同分为外导式（见图 2—24）和内导式（见图 2—25）。

图 2—24　带外导板的齿形链

图 2—25　带内导板的齿形链

按铰链形式不同分为圆销式（见图 2—26a）、轴瓦式（见图 2—26b）、滚柱式（见图 2—26c）。

2）特点。与套筒滚子链相比，传动平稳、噪声小；允许速度的范围大（25～30 m/s）；结构复杂、价格贵、质量大、装拆维护困难。

3）用途。多用于高速或运动精度较高的场合。

4）齿形链标记。链号—链宽　导向形式—链节数　标准号

例如：CL08—22.5 W—60　GB/T 10855—2003

表示齿形链、节距为 12.7 mm、链宽为 22.5 mm、外导向、60 节、制造标准为 GB/T 10855—2003。

齿形链的导向形式分为 N（内导式）和 W（外导式）两种。

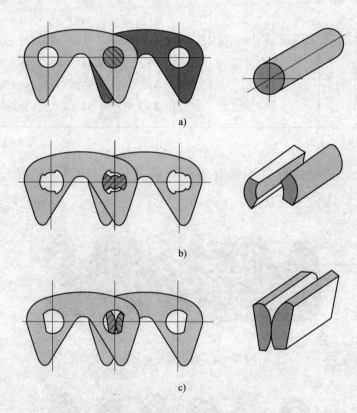

图 2—26　齿形链

a）圆销式　b）轴瓦式　c）滚柱式

3. 链传动的装配技术要求

（1）链轮两轴线必须平行，否则将加剧链条和链轮的磨损，降低传动平稳性，使噪声增大。两轴线平行度的检查如图 2—27 所示，通过测量 A、B 两尺寸来确定其误差。两轴线平行度误差不超过 0.5/1 000。

（2）两链轮的轴向偏移量必须在要求范围内，一般当两轮中心距小于 500 mm 时，允许轴向偏移量 a 在 1 mm 以内；两轮中心距大于 500 mm 时，a 应在 2 mm 以内。检查可用直尺法，如图 2—27 所示，在中心距较大时采用拉线法。

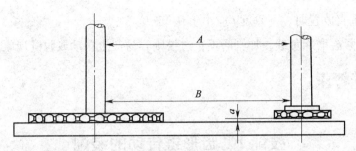

图 2—27　两链轮轴线平行度及轴向偏移量的测量

（3）链轮的跳动量必须符合表 2—6 所列数值的要求，可用划线盘或百分表进行检查（见图 2—28）。

表 2—6　　　　　　　　　　　　　链轮允许跳动量　　　　　　　　　　　　　mm

链轮的直径	套筒滚子链的链轮跳动量	
	径向（δ）	端面（a）
100 以下	0.25	0.3
100 ~ 200	0.5	0.5
200 ~ 300	0.75	0.8
300 ~ 400	1.0	1.0
400 以上	1.2	1.5

（4）链条的下垂要适当，如图 2—29 所示。

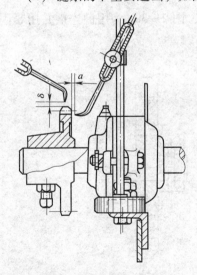

图 2—28　链轮跳动量的检查

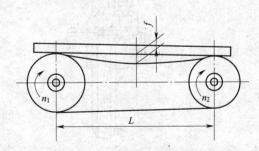

图 2—29　链条下垂的检查

1）链传动水平或稍微倾斜（45°以内），下垂度 f 应不大于 20%L（L 为两链轮的中心距）。

2）链垂直放置时，下垂度 f 应小于 0.2%L。

链条过紧会增加负载，加剧磨损；过松则容易产生抖动或脱链现象。

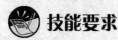 **技能要求**

技能 1　齿形链传动的装配

一、操作准备

1. 材料准备：链轮、齿形链、紧固螺钉或圆锥销、清洗零件用的煤油或柴油、润滑油。

2. 工具准备：锤子或铜棒、攻制紧固螺钉孔的丝锥和铰杠、修毛刺用的锉刀、划线盘或百分表、直尺、拉紧工具。

3. 设备准备：手电钻或台式钻床。

二、操作步骤

步骤1　链轮的装配

（1）链轮孔和轴的配合通常采用 H7/k6 过渡配合。

（2）链轮在轴上的固定方式如图 2—30 所示，图 2—30a 为用键连接并用紧固螺钉固定，图 2—30b 为圆锥销固定。

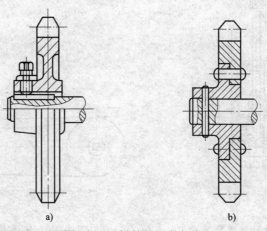

a)　　　　　　　　　b)

图 2—30　链轮的固定方式

（3）装配时，清除安装面上污物，涂上润滑油，用锤子将链轮轻轻打入，或用螺旋压入工具将链轮压到轴上，用划线盘或百分表检查链轮的径向圆跳动量和端面圆跳动量（见图 2—28），以保证链轮在轴上安装的正确性；用直尺测量（中心距不大时）或拉线法（中心距较大时）检查两链轮相互位置的正确性。

步骤 2　齿形链的装配

齿形链条必须先套在链轮上，再用拉紧工具拉紧后进行连接，如图 2—31 所示。

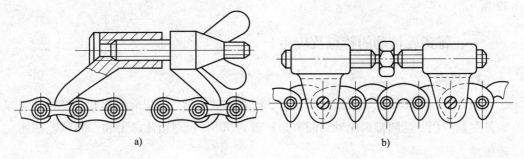

a)　　　　　　　　　　　　　　　b)

图 2—31　拉紧链条

步骤 3　链传动机构的修复

链传动机构常见的损坏形式有以下几种：链条拉长、链或链轮磨损，链轮轮齿个别折断和链节断裂等。

（1）链条拉长。链条经长时间使用后会被拉长而下垂，产生抖动和掉链，链节拉长后使链和链轮磨损加剧。当链轮中心距可以调节时，可通过调节中心距使链条拉紧；若中心距不能调节时，可使用张紧轮张紧，也可以卸掉一个或几个链节来调整。

（2）链和链轮磨损。链轮轮齿磨损后，节距增加，使磨损加快，当磨损严重时，应更换新的链轮。

（3）链轮轮齿个别折断。可采用堆焊后修锉修复，或更换新链轮。

（4）链节断裂。可采用更换断裂链节的方法修复。

 学习单元 2　圆锥齿轮传动机构的装配

 **学习目标**

1. 能够说出锥齿轮传动的应用特点。

2. 能够说出齿轮传动机构的装配技术要求。

3. 能够完成锥齿轮传动机构的装配操作。

 知识要求

锥齿轮用于相交轴齿轮传动，两轴的交角通常为90°（即 $\Sigma = 90°$），如图2—32所示。

一、锥齿轮传动的特点及应用

1. 特点

与圆柱齿轮相比，锥齿轮其制造、装配都比较复杂，所以除布置和其他特殊要求外尽量少用，两圆锥齿轮轴线间夹角一般为90°，否则箱体加工和安装调整都比较困难。

锥齿轮传动振动和噪声都比较大，所以应用于速度较低的传动中，$v \leqslant 5$ m/s，传动比 $i < 3$，鼓形齿经研磨可用于高速传动。

2. 应用

主要用于汽车的后桥齿轮箱中；液力传动内燃机车的风扇轴上；牛头刨床工作台、进给机构等。

二、齿轮传动机构的装配技术要求

1. 齿轮孔与轴的配合要满足使用要求，如固定齿轮不得有偏心或歪斜现象。

2. 保证齿轮有准确的安装中心距和适当的齿侧间隙。齿侧间隙是指齿轮副非工作表面法线方向距离，如图2—33所示。侧隙过小，齿轮转动不灵活，热胀时易卡齿，从而加剧齿面磨损；侧隙过大，换向时空行程大，易产生冲击和振动。

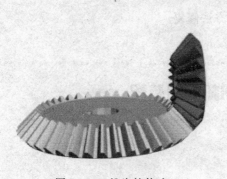

图2—32　锥齿轮传动

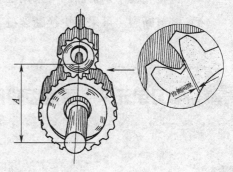

图2—33　齿轮传动

3. 保证齿面有正确的接触位置和足够的接触面积。

4. 进行必要的平衡试验。对转速高、直径大的齿轮，装配前应进行动平衡检查，以免工作时产生过大的振动。

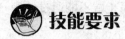

技能要求

技能　圆锥齿轮传动机构的装配

一、操作准备

1．材料准备：配对的标准直齿圆锥齿轮、心棒、紧固螺钉、清洗零件用的煤油或柴油、红丹油。

2．工具准备：锤子（或铜棒、压力机）、百分表、90°角尺、平板、调整垫圈、攻制紧固螺钉孔的丝锥和铰杠、修毛刺用的锉刀。

3．设备准备：千斤顶、手电钻或台式钻床。

二、操作步骤

1．箱体检验

（1）同一平面内的两孔轴线垂直度、相交程度检验方法

1）检验垂直度的方法：将百分表装在心棒1上，同时在心棒1上装有定位套筒，以防止心棒1的轴向窜动。旋转心棒1，百分表在心棒2上 L 长度的两点读数差，即为两孔在 L 长度内的垂直度误差，如图2—34a所示。

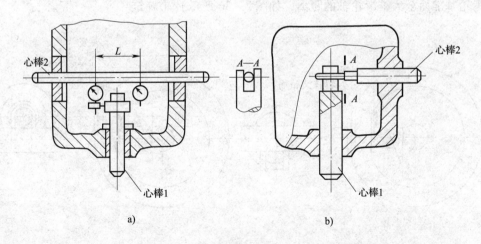

图2—34　同一平面内两孔轴线垂直度和相交程度的检验

a）检验垂直度　b）检验相交程度

2）两孔轴线相交程度检查：心棒1的测量端做成叉形槽，心棒2的测量端为阶台形，分别为过端和止端。检验时，若过端能通过叉形槽，而止端不能通过，则相交程度合格，二者缺一不可，否则即为超差，如图2—34b所示。

（2）不在同一平面内两孔轴线的垂直度的检验

箱体用千斤顶支撑在平板上，用90°角尺将心棒2调成垂直位置。此时，测量心棒1对平板的平行度误差，即为两孔轴线的垂直度误差，如图2—35所示。

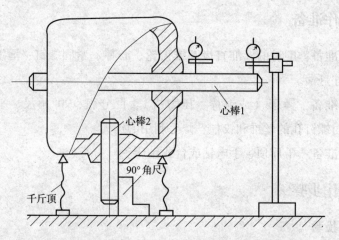

图2—35　不在同一平面内两孔轴线的垂直度的检验

2. 两锥齿轮轴向位置的确定

（1）当一对标准的锥齿轮传动时，必须使两齿轮分度圆锥相切、两锥顶重合。装配时据此来确定小锥齿轮的轴向位置，即小锥齿轮轴向位置按安装距离（小锥齿轮基准面至大锥齿轮轴的距离，如图2—36所示）来确定。

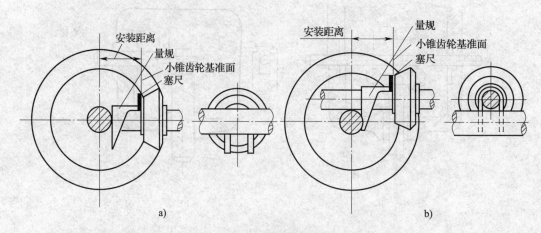

图2—36　小锥齿轮轴向定位

a）正交小锥齿轮安装距离的确定　b）偏置小锥齿轮安装距离的确定

如此时大锥齿轮尚未装好，可用工艺轴代替，然后按侧隙要求确定大锥齿轮的轴向位置，通过调整垫圈厚度将齿轮的位置固定，如图 2—37 所示。

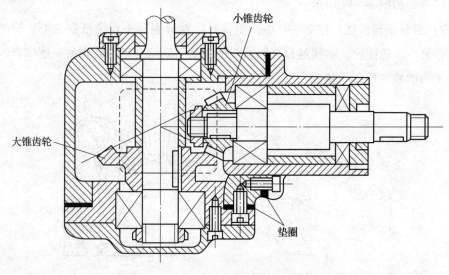

图 2—37 锥齿轮的轴向调整

（2）用背锥面作基准的锥齿轮的装配，应将背锥面对齐、对平。如图 2—38 所示，锥齿轮 1 的轴向位置，可通过改变垫片厚度来调整；锥齿轮 2 的轴向位置，则可通过调整固定垫圈位置确定。调整后，根据垫圈的位置配钻孔并用螺钉固定，即可保证两齿轮的正确装配位置。

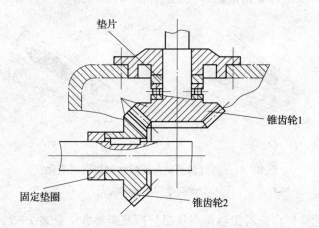

图 2—38 背锥面作基准的锥齿轮的装配调整

3. 锥齿轮装配质量的检验

（1）齿侧间隙检验方法

1）铅丝检验法。将直径为侧隙 1.25～1.5 倍的软铅丝用油脂粘在小齿轮上，铅丝长度不应少于5个齿距，为使齿轮啮合时有良好的受力情况，应在齿面沿齿宽两端平行放置两条铅丝。转动齿轮测量铅丝挤压后相邻两较薄部分的厚度之和即为齿侧间隙，如图2—39所示。

2）百分表检验法。图2—40中，测量时将百分表触头直接抵在一个齿轮的齿面上，另一齿轮固定。将接触百分表触头的齿从一侧啮合迅速转到另一侧啮合，百分表上的读数差值即为侧隙。

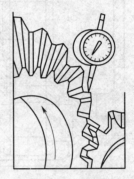

图2—39　铅丝检验侧隙　　　　图2—40　用百分表检验侧隙

（2）接触斑点检验

接触斑点检验一般用涂色法。在无载荷时，接触斑点应靠近轮齿小端，以保证工作时轮齿在全宽上能均匀地接触。在满载荷时，接触斑点在齿高和齿宽方向应不少于40%～60%（随齿轮精度而定），如图2—41所示。

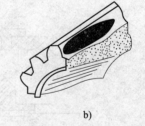

a)　　　　　　　　　　　　b)

图2—41　锥齿轮受负荷前后接触斑点的变化

a）无载荷　b）满载荷

直齿锥齿轮涂色检验时接触斑点状况分析及调整方法见表2—7。

4. 齿轮传动机构的修复

齿轮传动机构工作一定时间后，会产生磨损、润滑不良或过载使磨损加剧，齿面出现点蚀、胶合和塑性变形，齿侧间隙增大，噪声增大，传动精度降低，严重时甚至发生轮齿断裂。

表 2—7 　　　　　　　　　　　直齿锥齿轮接触斑点状况分析及调整方法

接触斑点	状况分析	调整方法
正常接触	接触区在齿宽中部偏小端	—
上、下齿面接触（下齿面接触 上齿面接触）	接触区小齿轮在上（下）齿面，大齿轮在下（上）齿面　小齿轮轴向位置误差	小齿轮沿轴线向大齿轮的方向移出（移近），如侧隙过大（过小），将大齿轮朝小齿轮方向移近（移出）
同向偏接触（小端接触）	齿轮副同在小端或大端处接触　齿轮副轴线交角太大或太小	不能用一般方法调整，必要时修刮轴瓦或返修箱体
异向偏接触（大端接触 小端接触）	齿轮副分别在轮齿一侧大端接触，另一侧小端接触　齿轮副轴线偏移	检查零件误差，必要时修刮轴瓦

（1）齿轮磨损严重或轮齿断裂时，应更换新的齿轮。

（2）如果是小齿轮与大齿轮啮合，一般小齿轮比大齿轮磨损严重，应及时更换小齿轮，以免加速大齿轮磨损。

（3）大模数、低转速的齿轮，个别轮齿断裂时，可用镶齿法修复。

（4）大型齿轮轮齿磨损严重时，可采用更换轮缘法修复，具有较好的经济性。

（5）锥齿轮因轮齿磨损或调整垫圈磨损而造成侧隙增大时，应进行调整。调整时，将两个锥齿轮沿轴向移近，使侧隙减小，再选配调整垫圈厚度来固定两齿轮的位置。

学习单元3 蜗杆传动机构的装配

 学习目标

1. 能够说出蜗杆传动的特点。
2. 能够说出蜗杆传动机构的装配技术要求。
3. 能够完成蜗杆传动的装配操作。

 知识要求

蜗杆传动是利用蜗杆副传递运动和（或）动力的一种机械传动。蜗杆与蜗轮的轴线在空间相互垂直交错成90°，即轴交角 $\Sigma = 90°$，如图2—42所示。通常情况下，蜗杆是主动件，蜗轮是从动件。

图2—42 蜗杆传动

一、蜗杆传动的特点及应用

1. 蜗杆传动的特点

（1）传动比大。蜗杆传动中，由于蜗杆的头数 $z_1 = 1 \sim 4$，蜗轮的齿数 z_2 较多，单级传动就能得到很大的传动比。

（2）传动平稳，噪声小。蜗杆的齿为连续不断的螺旋面，传动时与蜗轮间的啮合是沿螺旋面逐渐进入和退出，且同时啮合的齿数较多，因此传动平稳，没有冲击，噪声小。

（3）容易实现自锁。单头蜗杆的导程角较小，一般 $\gamma < 5°$，大多具有自锁性。

（4）承载能力大。

（5）传动效率较低，工作时发热大，需要有良好的润滑。

2. 应用场合

常用于转速需要急剧降低的场合。

二、蜗杆传动机构的装配技术要求

1. 蜗杆轴心线应与蜗轮轴心线垂直，蜗杆轴心线应在蜗轮轮齿的中间平面内。

2. 蜗杆与蜗轮间的中心距要准确，以保证有适当的齿侧间隙和正确的接触斑点。

3. 转动灵活。蜗轮在任意位置，旋转蜗杆手感相同，无卡住现象。

如图 2—43 所示为蜗杆传动装配不符合要求的几种情况。

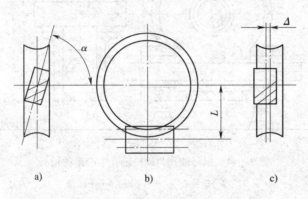

图 2—43   蜗杆传动装配不符合要求的几种情况

a) $\alpha \neq 90°$ b) $L \neq A$ c) $\Delta \neq 0$

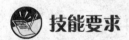 **技能要求**

技能   蜗杆传动机构的装配

一、操作准备

1. 材料准备：蜗轮、蜗轮轴、蜗杆、调整垫片、紧固螺钉、清洗零件用的煤油或柴油、红丹粉。

2. 工具准备：锤子（或铜棒、压力机）、攻制紧固螺钉孔的丝锥和铰杠、修毛刺用的锉刀、平板、千斤顶、钢直尺、一端套有百分表的支架。

3. 设备准备：手电钻或台式钻床。

二、操作步骤

步骤 1   蜗杆传动机构箱体装配前的检验

为了确保蜗杆传动机构的装配要求，通常是先对蜗杆箱体上蜗杆轴孔中心线与蜗轮轴孔中心线间的中心距和垂直度进行检验，然后进行装配。

（1）箱体孔中心距的检验

蜗杆轴孔与蜗轮轴孔中心距的检验如图2—44所示。

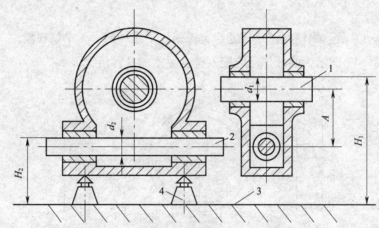

图2—44　蜗杆轴孔与蜗轮轴孔中心距的检验

1、2—检验心轴　3—平板　4—千斤顶

1）将箱体用三只千斤顶支撑在平板上。

2）将检验心轴1和2分别插入箱体蜗轮和蜗杆轴孔中，调整千斤顶，使其中一个心轴与平板平行。

3）分别测量两心轴至平板的距离，即可计算出中心距 A：

$$A = \left(H_1 - \frac{d_1}{2}\right) - \left(H_2 - \frac{d_2}{2}\right)$$

式中　H_1——心轴1至平板距离，mm；

H_2——心轴2至平板距离，mm；

d_1、d_2——心轴1和2的直径，mm。

（2）箱体孔轴心线间垂直度的检验

蜗杆箱体孔轴心线间垂直度的检验如图2—45所示。

1）将蜗轮孔心轴和蜗杆孔心轴分别插入箱体上蜗杆和蜗轮的安装孔内。

2）在蜗轮孔心轴的一端套装有百分表的支架，并用螺钉紧固，百分表触头抵住蜗杆

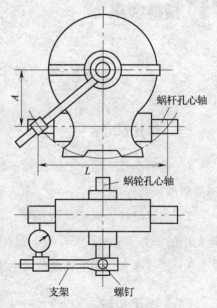

图2—45　蜗杆箱体孔轴心线间
垂直度的检验

心轴。

3）旋转蜗轮孔心轴，百分表在蜗轮心轴上 L 长度范围内的读数差，即为两轴线在 L 长度范围内的垂直度误差值。

步骤 2 蜗杆传动机构的装配

（1）组合式蜗轮应先将齿圈压装在轮毂上，方法与过盈配合装配相同，并用螺钉加以紧固，如图 2—46 所示。

（2）将蜗轮装在轴上。

1）在轴上固定的蜗轮，与轴的配合多为过渡配合，有小量的过盈。装配时需加一定的外力。如过盈量较小时，用手工工具敲击装入；过盈量较大时，可用压力机压装或采用液压套合的装配方法。压装蜗轮时要尽量避免蜗轮偏心、歪斜和端面未紧贴轴肩等安装误差，如图 2—47 所示。

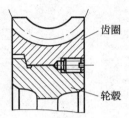

图 2—46 组合式蜗轮

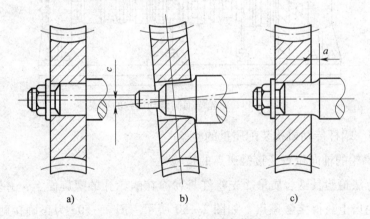

图 2—47 蜗轮在轴上的安装误差

a）蜗轮偏心 b）蜗轮歪斜 c）蜗轮端面未紧贴轴肩

2）对于精度要求高的蜗杆传动机构，压装后应检查径向圆跳动和端面圆跳动。

①径向圆跳动。检查径向圆跳动误差的方法如图 2—48 所示，在蜗轮旋转一周内，百分表的最大读数与最小读数之差，就是蜗轮分度圆上的径向圆跳动误差。

②端面圆跳动。蜗轮端面圆跳动误差的检查如图 2—49 所示，在蜗轮旋转一周范围内，百分表的最大读数与最小读数之差即为蜗轮端面圆跳动误差。

（3）把蜗轮轴组件装入箱体，然后再装入蜗杆。一般蜗杆轴的位置由箱体孔确定，要使蜗杆轴线位于蜗轮轮齿的中间平面内，可通过改变调整垫片厚度的方法，调整蜗轮的轴向位置。

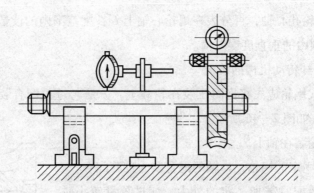

图 2—48　蜗轮径向圆跳动误差的检查

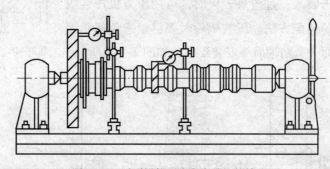

图 2—49　蜗轮端面圆跳动误差的检查

步骤3　蜗杆传动机构装配质量的检验

（1）蜗轮的轴向位置及接触斑点的检验

用涂色法检验其啮合质量。先将红丹粉涂在蜗轮孔的螺旋面上，并转动蜗杆，可在蜗轮轮齿上获得接触斑点，如图 2—50 所示。图 2—50a 为正确接触，其接触斑点应在蜗轮轮齿中部稍偏于蜗杆旋出方向；图 2—50b、c 表示蜗轮轴向位置不正确，应配磨垫片来调整蜗轮的轴向位置。接触斑点的长度，轻载时为齿宽的 25% ~ 50%，满载时为齿宽的 90% 左右。

（2）齿侧间隙检验

一般要用百分表测量，如图 2—51a 所示。在蜗杆轴上固定一带量角器的刻度盘，百分表触头抵在蜗轮齿面上，用手转动蜗杆，在百分表指针不动的条件下，用刻度盘相对固定指针的最大空程角判断侧隙大小。如用百分表直接与蜗轮齿面接触有困难，可在蜗轮轴上装一测量杆，如图 2—51b 所示。

侧隙与空程角有如下的近似关系（蜗杆升角影响忽略不计）：

$$\alpha = C_n \frac{360 \times 60}{1\,000\pi z_1 m} = 6.9 \frac{C_n}{z_1 m}$$

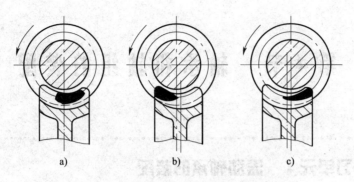

图 2—50　用涂色法检验蜗轮齿面接触斑点

a）正确　b）蜗轮偏右　c）蜗轮偏左

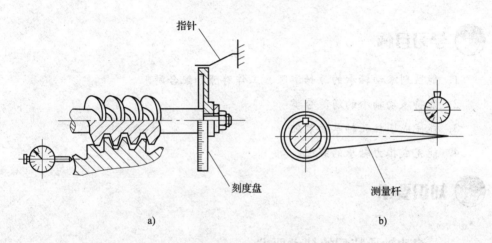

图 2—51　蜗杆传动齿侧间隙的检验

a）直接测量法　b）测量杆测量法

式中　C_n——侧隙，mm；

z_1——蜗杆头数；

m——模数，mm；

α——空程角，（°）。

装配后的蜗杆传动机构，还要检查其转动灵活性，蜗轮在任何位置上，用手旋转蜗杆所需的扭矩均应相同，没有咬住现象。

步骤 4　蜗杆传动机构的修复

（1）一般传动的蜗杆蜗轮磨损或划伤后，要更换新的。

（2）大型蜗轮磨损或划伤后，为了节约材料，一般采用更换轮缘法修复。

（3）分度用的蜗杆机构（又称分度蜗轮副）传动精度要求很高，修理工作复杂且精细，一般采用精滚齿后剃齿或珩磨法进行修复。

第4节 轴承和轴组的装配

 学习单元1 滚动轴承的装配

 学习目标

1. 能区别滚动轴承的原始游隙、工作游隙和配合游隙。
2. 能将滚动轴承的游隙分类。
3. 能完成圆柱孔轴承的装配。
4. 能完成推力轴承的装配。

 知识要求

一、滚动轴承装配的技术要求

1. 装配前，应用煤油等清洗轴承和清除其配合表面的毛刺、锈蚀等缺陷。

2. 装配时，应将有标记代号的端面装在可见方向，以便更换时查对。

3. 轴承必须紧贴在轴肩或孔肩上，不允许有间隙或歪斜现象。

4. 同轴的两个轴承中，必须有一个轴承在轴受热膨胀时有轴向移动的余地。

5. 装配轴承时，作用力应均匀地作用在待配合的轴承环上，不允许通过滚动体传递压力。

6. 装配过程中应保持清洁，防止异物进入轴承内。

7. 装配后的轴承应运转灵活、噪声小，温升不得超过允许值。

8. 与轴承相配零件的加工精度应与轴承精度相对应，一般轴的加工精度取轴承同级精度或高一级精度；轴承座孔则取同级精度或低一级精度。滚动轴承配合如图2—52所示。

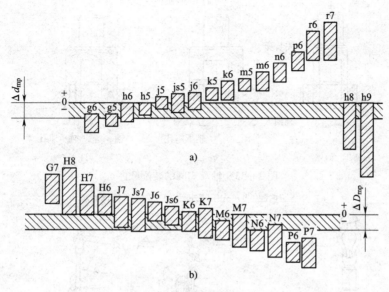

图 2—52 滚动轴承配合

a) 轴承内径与轴配合 b) 轴承外径与轴承座孔配合

二、滚动轴承的装配

滚动轴承的装配应根据轴承的结构、尺寸大小和轴承部件的配合性质而定。一般滚动轴承的装配方法有锤击法、压入法、热装法及冷缩法等。

1. 圆柱孔轴承的装配

（1）不可分离型轴承的装配

不可分离型轴承（如深沟球轴承、调心球轴承、调心滚子轴承、角接触轴承等）应按座圈配合的松紧程度确定其装配顺序。当内圈与轴颈配合较紧、外圈与壳体配合较松时，先将轴承装在轴上，然后，连同轴一起装入壳体中。当轴承外圈与壳体孔为紧配合、内圈与轴颈为较松配合时，应将轴承先压入壳体中；当内圈与轴、外圈与壳体孔都是紧配合时，应把轴承同时压在轴上和壳体孔中，如图2—53所示。

轴承常用的装配方法有锤击法和压入法，对于精密轴承的装配不允许用锤击法。图2—54a是用特制套压入，图2—54b是用铜棒对称地在轴承内圈（或外圈）端面均匀敲入。图2—55是用压入法将轴承内、外圈分别压入轴颈和轴承座孔中的方法。如果轴颈尺寸较大、过盈量也较大时，为装配方便可用热装法，即将轴承放在温度为80～100℃的油中加热，然后和常温状态的轴配合。轴承加热时应搁在油槽内网格上（见图2—56），以避免轴承接触到比油温高得多的箱底，又可防止与

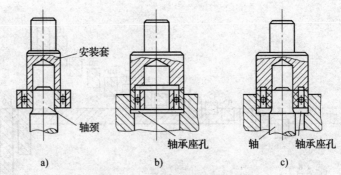

图 2—53　轴承座圈的装配顺序

a）先压装内圈　b）先压装外圈　c）内、外圈同时压装

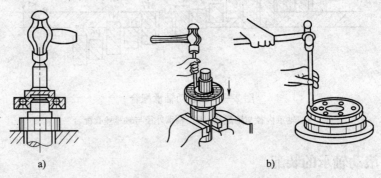

图 2—54　锤击法装配滚动轴承

a）用特制套压入　b）用铜棒敲入

箱底沉淀污物接触。对于小型轴承，可以挂在吊钩上并浸在油中加热。内部充满润滑油脂带防尘盖或密封圈的轴承，不能采用热装法装配。

（2）分离型轴承的装配

由于分离型轴承（如圆锥滚子轴承、圆柱滚子轴承、滚针轴承等）内圈、外圈可以自由脱开，装配时内圈和滚动体一起装在轴上，外圈装在壳体内，然后再调整它们之间的游隙。

2. 圆锥孔轴承的装配

圆锥孔轴承的装配过盈量较小时可直接装在有锥度的轴颈上，也可以装在紧定套或退卸套的锥面上，如图 2—57 所示。

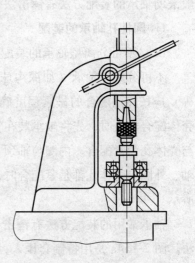

图 2—55　压入法装配滚动轴承

对于轴颈尺寸较大或配合过盈量较大而又经常拆卸的圆锥孔轴承，常用液压套合法拆卸，如图 2—58 所示。

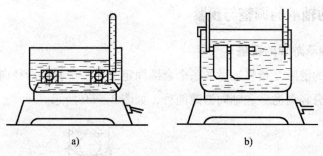

图 2—56　轴承在油箱中加热的方法

a）搁在油槽内网格上加热轴承　b）小型轴承的加热

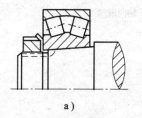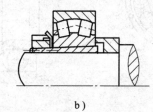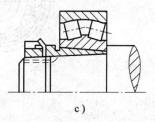

图 2—57　圆锥孔轴承的装配

a）直接装在有锥度的轴颈上　b）装在紧定套的锥面上　c）装在退卸套的锥面上

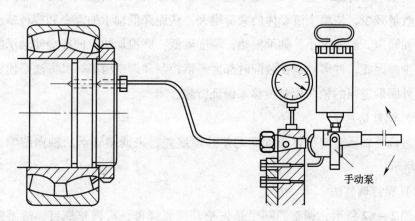

图 2—58　液压套合法拆卸轴承

3. 推力球轴承的装配

推力球轴承有松圈和紧圈之分，装配时应使紧圈靠在转动零件的端面上，松圈靠在静止零件的端面上（见图 2—59），否则会使滚动体丧失作用，同时会加速配合零件间的磨损。

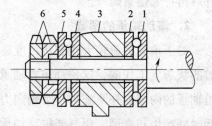

图 2—59　推力球轴承的装配

1、5—紧圈　2、4—松圈　3—箱体　6—螺母

三、滚动轴承的调整与预紧

1. 滚动轴承游隙的调整

滚动轴承的游隙是指将轴承的一个套圈固定，另一个套圈沿径向或轴向的最大活动量。游隙分径向游隙和轴向游隙两种，如图2—60所示。

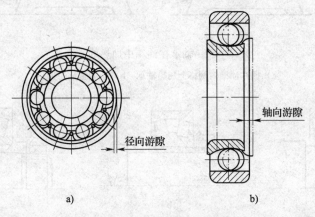

图2—60　滚动轴承的游隙

滚动轴承的游隙不能太大，也不能太小。游隙太大，会造成同时承受载荷的滚动体的数量减少，使单个滚动体的载荷增大，从而降低轴承的寿命和旋转精度，引起振动和噪声。游隙过小，轴承发热，硬度降低，磨损加快，同样会使轴承的使用寿命减少。因此，许多轴承在装配时都要严格控制和调整游隙。其方法是使轴承的内圈、外圈做适当的轴向相对位移来保证游隙。

（1）调整垫片法

通过调整轴承盖与壳体端面间的垫片厚度差，来调整轴承的轴向游隙，如图2—61所示。

（2）螺钉调整法

如图2—62所示，调整的顺序是先松开锁紧螺母，再调整螺钉，待游隙调整好后再拧紧锁紧螺母。

2. 滚动轴承的预紧

对于承受载荷较大、旋转精度要求较高的轴承，大都是在无游隙甚至有少量过盈的状态下工作的，这些都需要轴承在装配时进行预紧。预紧就是轴承在装配时，给轴承的内圈或外圈施加一个轴向力，以消除轴承游隙，并使滚动体与内圈、外圈接触处产生初变形。预紧能提高轴承在工作状态下的刚度和旋转精度。滚动轴承预紧的原理如图2—63所示。预紧方法有以下几种。

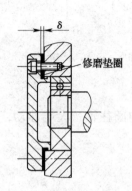

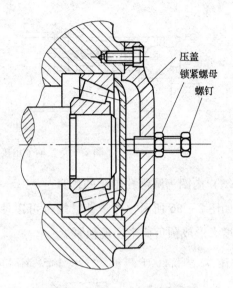

压盖
锁紧螺母
螺钉

图2—61　用垫片调整轴承游隙　　图2—62　用螺钉调整轴承游隙

（1）成对使用角接触球轴承的预紧

成对使用角接触球轴承有 3 种装配方式，其中图 2—64a 为背靠背式（外圈宽边相对）安装；图 2—64b 为面对面式（外圈窄边相对）安装；图 2—64c 为同向排列式（外圈宽窄相对）安装。若按图示方向施加预紧力，通过在成对安装轴承之间配置厚度不同的轴承内圈、外圈间隔套使轴承紧靠在一起，来达到预紧的目的。

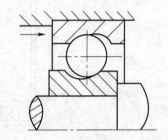

图2—63　滚动轴承的预紧原理

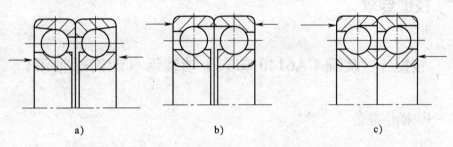

a)　　　　　　　　　b)　　　　　　　　　c)

图2—64　成对安装角接触球轴承

a）背靠背式　b）面对面式　c）同向排列式

（2）单个角接触球轴承预紧

如图 2—65a 所示，轴承内圈固定不动，调整螺母 4 改变圆柱弹簧 3 的轴向弹力大小来达到轴承预紧。如图 2—65b 所示为轴承内圈固定，在轴承外圈 1 的右端面安装圆形弹簧片对轴承进行预紧。

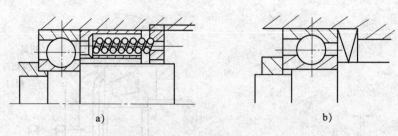

图2—65　单个角接触球轴承预紧

（3）内圈为圆锥孔轴承的预紧

如图2—66所示，拧紧锁紧螺母可以使锥形孔内圈往轴颈大端移动，使内圈直径增大形成预负荷来实现预紧。

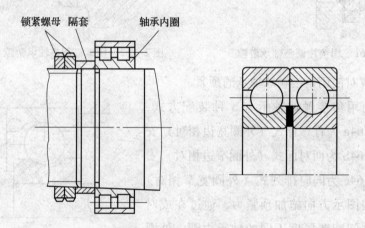

图2—66　圆锥孔轴承的预紧

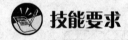
技能要求

技能1　装配CA6140车床Ⅰ轴轴承（深沟球轴承）

一、操作准备

1. 材料准备：6208和6308轴承、CA6140型车床Ⅰ轴、煤油或柴油、机油。

2. 工量具准备：锤子或铜棒、千分尺、方枕木、轴承安装套、修毛刺用的锉刀。

3. 设备准备：台虎钳。

二、操作步骤

步骤1　按所要装配的轴承准备好需要的工具和量具。按图样要求检查与轴承相配的 I 轴是否有缺陷、锈蚀和毛刺等。

步骤 2　核对轴承型号是否与图样一致。

步骤 3　检查 I 轴轴颈位置的精度并用汽油或煤油清洗 I 轴轴颈,用干净的布擦净或用压缩空气吹干,然后涂上一层薄油。

步骤 4　用汽油或煤油清洗轴承的防锈油,擦拭干净待用。

步骤 5　将 I 轴的右端铅垂地放在方枕木上并固定,用铜棒敲击 6308 轴承的内圈使 I 轴进入轴承左端。当轴承的内圈有 1/3 面积接触时改用轴承安装套敲击轴承的内圈直至轴承的内圈紧贴轴肩。

步骤 6　把 I 轴倒转,按相同的方法安装 6208 轴承。

步骤 7　检查轴承是否紧贴在轴肩上,轴承与轴肩不允许有间隙或歪斜现象;装配后的轴承应运转灵活、噪声小。

三、注意事项

1. 用防锈油封存的轴承可用汽油或煤油清洗;用厚油和防锈油脂封存的可用轻质矿物油加热溶解清洗,冷却后再用汽油或煤油清洗,擦拭干净待用;对于两面带防尘盖、密封圈或涂有防锈、润滑两用油脂的轴承则不需要进行清洗。

2. 不可用棉纱清洗轴承以防棉纱进入轴承滚动体内。

技能 2　调整 CA6140 型车床 IV 轴轴承
(圆锥滚子轴承)的游隙

一、操作准备

1. 材料准备:CA6140 型车床。

2. 工具准备:铜棒、扳手、螺钉旋具、修毛刺用的锉刀。

二、操作步骤

步骤 1　检查轴承盖的螺钉是否拧紧。

步骤 2　用扳手松开锁紧螺母。

步骤 3　用扳手转动调整螺钉调整轴承间隙。

步骤 4　用百分表检测调整后的轴承的轴向间隙和径向间隙。

步骤 5　当检测值在 0.005 mm 以内且 IV 轴转动灵活,则用扳手拧紧锁紧螺母。

三、注意事项

用扳手拧紧锁紧螺母时要用另一把扳手拧着调整螺钉以控制调整螺钉不得转动，防止拧紧锁紧螺母时将轴承间隙调整得过小。

技能3　装配 CA6140 型车床尾座轴承（推力轴承）

一、操作准备

1. 材料准备：8205 轴承、CA6140 型车床尾座。
2. 工量具准备：铜棒、扳手、螺钉旋具、修毛刺用的锉刀、游标卡尺。

二、操作步骤

步骤1　按所要装配的轴承准备好需要的工具和量具。按图样要求检查与轴承相配的 T 形螺纹传动轴是否有缺陷、锈蚀和毛刺等。

步骤2　核对轴承型号是否与图样一致。

步骤3　用汽油或煤油清洗轴承的防锈油，擦拭干净待用。

步骤4　用游标卡尺测量轴承的内圈区别出松圈和紧圈。

步骤5　紧圈靠在 T 形螺纹传动轴的轴肩上，松圈靠在锁紧螺母端面上。

步骤6　检查轴承转动是否灵活。

步骤7　上紧轴承端盖。

三、注意事项

安装推力轴承前要区分推力轴承的松圈和紧圈。安装时记住"紧—动，松—静"。

 学习单元2　滑动轴承的装配

 **学习目标**

1. 能区别滑动轴承的结构分类。
2. 能完成整体式滑动轴承的装配。

3. 能完成剖分式滑动轴承装配。

 **知识要求**

一、滑动轴承的结构特点和特点分类

滑动轴承具有结构简单、制造方便、径向尺寸小、润滑油膜吸振能力强等优点，能承受较大的冲击载荷，因而工作平稳，无噪声，在保证液体摩擦的情况下，轴可长期高速运转，适合于精密、高速及重载的转动场合。由于轴颈与轴承之间应获得所需的间隙才能正常工作，因而影响了回转精度的提高；即使在液体润滑状态，润滑油的滑动阻力摩擦因数一般仍在 0.08 ~ 0.12 之间，故其温升较高，润滑及维护较困难。滑动轴承按结构特点可以分为以下几种。

1. 整体式滑动轴承

如图 2—67 所示，其结构是在轴承壳体内压入耐磨轴套，套内开有油孔、油槽，以便润滑轴承配合面。

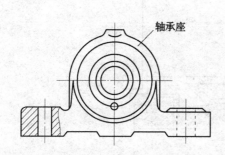

图 2—67　整体式滑动轴承

2. 对开式滑动轴承

如图 2—68 所示，对开式滑动轴承由轴承座、轴承盖、上轴瓦（轴瓦有油孔）、下轴瓦和双头螺栓等组成，润滑油从油孔进入润滑轴承。

3. 锥形表面滑动轴承

锥形表面滑动轴承有内锥外柱式和内柱外锥式（见图 2—69）两种。

二、滑动轴承的装配

滑动轴承装配的主要技术要求是在轴颈与轴承之间获得合理的间隙，保证轴颈与轴承的良好接触和充分的润滑，使轴颈在轴承中旋转平稳可靠。

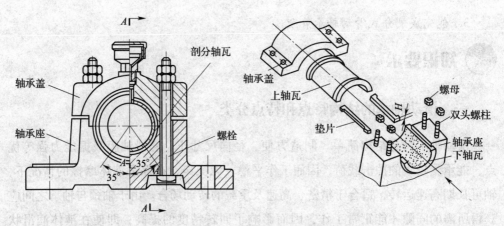

图2—68　对开式滑动轴承

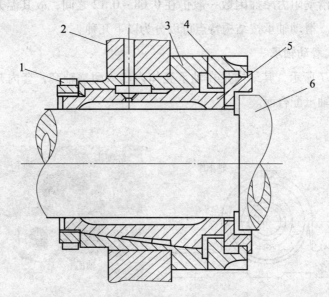

图2—69　内柱外锥式动压润滑轴承

1—后螺母　2—箱体　3—轴承外套　4—前螺母　5—轴承　6—轴

1．整体式滑动轴承的装配

（1）装配前，将轴套和轴承座孔去毛刺，清理干净后在轴承座孔内涂润滑油。

（2）根据轴套尺寸和配合时过盈量的大小，采取敲入法或压入法将轴套装入轴承座孔内，并进行固定。

（3）轴套压入轴承座孔后，易发生尺寸和形状变化，应采用铰削或刮削的方法对内孔进行修整、检验，以保证轴颈与轴套之间有良好的间隙配合。

2．对开式滑动轴承的装配

（1）轴瓦与轴承座、盖的装配

上下轴瓦与轴承座、盖装配时，应使轴瓦背与座孔接触良好，用涂色法检查，着色要均匀。如不符合要求时，厚壁轴瓦以座孔为基准修刮轴瓦背部。薄壁轴瓦不便修刮，需进行选配。为达到配合的紧密，保证有合适的过盈量，薄壁轴瓦的对开面应比轴承座的剖分面略高一些，即 $\Delta h = \pi Y/4$（Y 为轴瓦与机体孔的配合过盈量），一般 Δh 取 $0.05 \sim 0.1$ mm。同时，应注意轴瓦的阶台紧靠座孔的两端面，达到 H7/f7 配合，太紧可通过刮削修配。一般轴瓦装入时，应用木槌轻轻敲击，听声音判断，要确认贴实。

（2）轴瓦孔的配刮

用与轴瓦配合的轴来显点，在上下轴瓦内涂显示剂，然后把轴和轴承装好，双头螺柱的紧固程度以能转动轴为宜。当螺柱均匀紧固后，轴能够轻松地转动且无过大间隙，显点也达到要求，即为刮削合格。清洗轴瓦后，即可重新装入。

3. 内柱外锥式滑动轴承的装配

（1）将轴承外套 3 压入箱体 2 的孔中，并保证有 H7/r6 的配合要求。

（2）用心棒研点，修刮轴承外套 3 的内锥孔，并保证前、后轴承孔的同轴度。

（3）在轴承 5 上钻油孔，要求与箱体、轴承外套油孔相对应，并与自身油槽相接。

（4）以轴承外套 3 的内孔为基准研点，配刮轴承 5 的外圆锥面，使接触精度符合要求。

（5）把轴承 5 装入轴承外套 3 的孔中，两端拧上螺母 1、4，并调整好轴承 5 的轴向位置。

（6）以主轴为基准，配刮轴承 5 的内孔，使接触精度合格，并保证前、后轴承孔的同轴度符合要求。

（7）清洗轴颈及轴承孔，重新装入主轴，并调整好间隙。

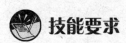 **技能要求**

技能 1　装配整体式轴承

一、操作准备

1. 材料准备：规格相符的轴套、紧定螺钉、煤油或柴油、机油。

2．工量具准备：锤子、铜棒或垫板、丝锥、扳手、修毛刺用的锉刀、螺钉旋具。

3．设备准备：手电钻或台式钻床。

二、操作步骤

步骤1 按所要装配的轴承准备好需要的工具和量具。钻孔用丝锥攻好径向紧定螺纹。

步骤2 按图样要求检查与轴套相配的轴承孔是否有缺陷、锈蚀和毛刺等。

步骤3 用千分尺检测轴套尺寸和轴承孔尺寸，确定结合时过盈量的大小。

步骤4 用汽油或煤油清洗轴承和轴承孔，用干净的布擦净或用压缩空气吹干，然后涂上一薄层机油。

步骤5 用锤子和铜棒或垫板将轴套敲入轴承孔中。

步骤6 锁紧径向紧定螺钉固定轴套位置，以防轴套随轴转动。

三、注意事项

1．在攻制紧定螺钉孔时，注意及时清除切屑。

2．轴套和轴承座一般是小过盈配合，在敲击轴套时要使用铜棒或垫板以免轴套变形。

技能2　装配对开式轴承

一、操作准备

1．材料准备：清洗零件用的煤油或柴油。

2．工具准备：扳手、木槌、修毛刺用的锉刀。

3．设备准备：手电钻或台式钻床。

二、操作步骤

步骤1 按所要装配的轴承准备好需要的工具。钻孔用丝锥攻好内螺纹。

步骤2 按图样要求检查轴瓦和轴承座是否有缺陷、锈蚀和毛刺等。

步骤3 用汽油或煤油清洗轴瓦，用干净的布擦净或用压缩空气吹干。

步骤4 在轴承座上安装好双头螺柱。

步骤 5　将下轴瓦装入轴承座内，再装垫片。

步骤 6　装上轴瓦和轴承盖，并用螺母拧紧固定。

三、注意事项

1. 装入轴瓦时，应用木槌轻轻敲击，听声音判断轴瓦是否确实贴实轴承座和轴承盖。

2. 双头螺柱的紧固要均匀，紧固程度以能灵活转动轴且无明显跳动为宜。

 学习单元 3　轴组的装配

 学习目标

1. 能区别轴承的轴向固定方式。

2. 能阐述滚动轴承的定向装配。

3. 能完成车床主轴轴组的装配。

 知识要求

轴是机械中重要的零件，它与轴上零件，如齿轮、带轮及两端轴承支座等的组合称为轴组。轴组的装配是将装配好的轴组组件，正确地安装在机器中，并保证其正常工作要求。轴组装配主要是将轴组装入箱体（或机架）中，进行轴承固定、游隙调整、轴承预紧、轴承密封和轴承润滑装置的装配等。

一、轴承的固定方式

轴正常工作时，不允许有径向跳动和轴向移动存在，但又要保证不致受热膨胀卡死，所以要求轴承有合理的固定方式。轴承的径向固定是靠外圈与外壳孔的配合来解决；轴承的轴向固定有两种基本方式。

1. 两端单向固定方式

如图 2—70 所示，轴两端的支撑点用轴承盖单向固定，分别限制两个方向的轴向移动。为避免轴受热伸长而使轴承卡住，在右端轴承外圈与端盖间留有不大的间隙（0.5~1 mm），以便游动。

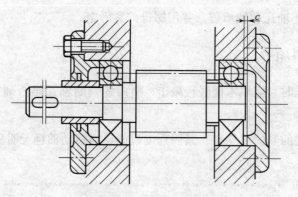

图2—70　两端单向固定

2. 一端双向固定方式

如图2—71所示，将右端轴承双向轴向固定，左端轴承可随轴做轴向游动。这种固定方式工作时不会发生轴向窜动，受热时又能自由地向另一端伸长，轴不致被卡死。若游动端采用内圈、外圈可分的圆柱滚子轴承，此时，轴承内圈、外圈均需双向轴向固定。当轴受热伸长时，轴带着内圈相对外圈游动。

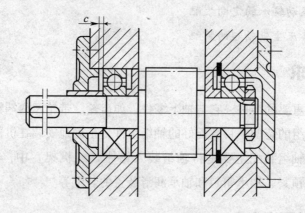

图2—71　一端双向固定方式

二、滚动轴承的定向装配

对精度要求较高的主轴部件，为了提高主轴的回转精度，轴承内圈与主轴装配及轴承外圈与箱体孔装配时，常采用定向装配的方法。定向装配就是人为地控制各装配件径向跳动的方向，合理组合，采用误差相互抵消来提高装配精度的一种方法。装配前需对主轴轴端锥孔中心线偏差及轴承的内圈、外圈径向跳动进行测量，确定误差方向并做好标记。

1. 装配件误差的检测方法

（1）轴承外圈径向圆跳动检测

如图 2—72 所示，测量时，转动外圈并沿百分表方向压迫外圈，百分表的最大读数则为外圈最大径向圆跳动。

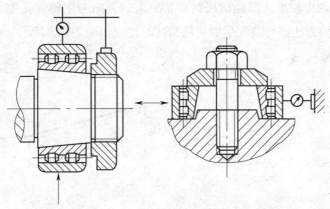

图 2—72　轴承外圈径向圆跳动检测

（2）轴承内圈径向圆跳动检测

如图 2—73 所示，测量时外圈固定不转，内圈端面上施以均匀的测量负荷 F，负荷的大小根据轴承类型及直径变化，然后使内圈旋转一周以上，便可测得轴承内圈内孔表面的径向圆跳动量及其方向。

（3）主轴锥孔中心线的检测

如图 2—74 所示，测量时将主轴轴颈置于 V 形架上，在主轴锥孔中插入测量用心轴，转动主轴一周以上，便可测得锥孔中心线的偏差数值及方向。

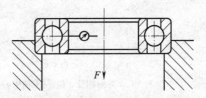

图 2—73　轴承内圈径向圆跳动检测

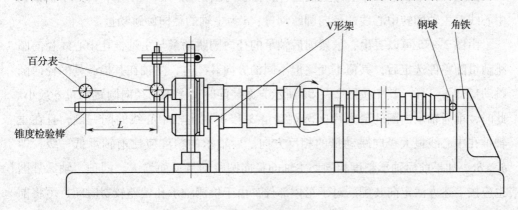

图 2—74　测量主轴锥孔中心线偏差

2. 滚动轴承定向装配要点

（1）主轴前轴承的精度比后轴承的精度高一级。

（2）前后两个轴承内圈径向圆跳动量最大的方向置于同一轴向截面内，并位于旋转中心线的同一侧。

（3）前后两个轴承内圈径向圆跳动量最大的方向与主轴锥孔中心线的偏差方向相反。按不同方法进行装配后的主轴精度的比较如图2—75所示。

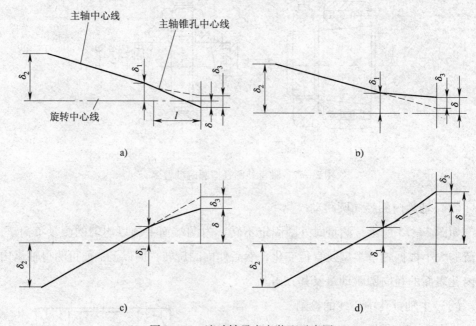

图2—75　滚动轴承定向装配示意图

a）δ_1、δ_2与δ_3方向相反　b）δ_1、δ_2与δ_3方向相同

c）δ_1与δ_2方向相反，δ_3在主轴中心线内侧　d）δ_1与δ_2方向相反，δ_3在主轴中心线外侧

图2—75中δ_1、δ_2分别为主轴前、后轴承内圈的径向圆跳动量；δ_3为主轴锥孔中心线对主轴回转中心线的径向圆跳动量；δ为主轴的径向圆跳动量。

由图2—75可以看出，虽然前后轴承的径向圆跳动量与主轴锥孔中心线径向圆跳动量随零件选定后，其值不变。但不同的方向装配时，主轴在其检验处的径向圆跳动量却不一样。其中按图2—75a所示方案装配时，主轴的径向圆跳动量δ最小。此时，前后轴承内圈的最大径向圆跳动量δ_1和δ_2在主轴中心线的同一侧，且在主轴锥孔中心线最大径向跳动量的相反方向。后轴承的精度应比前轴承低一级，即$\delta_2 > \delta_1$，如果前后轴承精度相同，主轴的径向圆跳动量反而增大。同理，轴承外圈也应按上述方法定向装配。对于箱体部件，由于检测轴承孔偏差较费时间，可将前后轴承外圈的最大径向圆跳动点在箱体孔内装在一条直线上。

技能要求

技能　装配 C630 型车床主轴

一、操作准备

1. 材料准备：卡环、滚动轴承、主轴、大齿轮、螺母、垫圈、开口垫圈、推力球轴承、轴承座、圆锥滚子轴承、衬套、盖板、圆螺母、法兰、调整螺母、调整套、煤油或柴油、机油。

2. 工、量具准备：扳手、卡环钳、铜棒或垫板、长钢管、长拉杆、修毛刺用的锉刀、螺钉旋具。

C630 型车床主轴部件如图 2—76 所示。

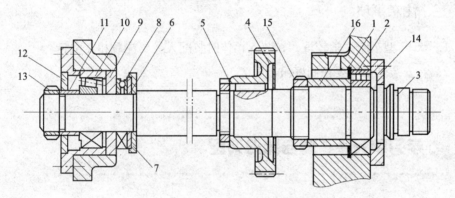

图 2—76　C630 型车床主轴部件

1—卡环　2—滚动轴承　3—主轴　4—大齿轮　5—螺母　6—垫圈　7—开口垫圈

8—推力球轴承　9—轴承座　10—圆锥滚子轴承　11—衬套　12—盖板

13—圆螺母　14—法兰　15—调整螺母　16—调整套

二、操作步骤

步骤 1　按所要装配的主轴准备好需要的工具。按图样要求检查与主轴相配的主轴箱的轴承孔是否有缺陷、锈蚀和毛刺等。

步骤 2　核对各装配零件是否与图样一致。

步骤 3　用汽油或煤油清洗各装配零件和轴承孔，用干净的布擦净或用压缩空气吹干，然后涂上一层薄油。

步骤4　将卡环1和滚动轴承2的外圈装入主轴箱体前轴承孔中。

步骤5　将滚动轴承2的内圈按定向装配法从主轴的后端套上，并依次装入调整套16和调整螺母。适当预紧调整螺母15，防止轴承内圈改变方向。

步骤6　将主轴组件从箱体前轴承孔中穿入，在此过程中，依次将键、大齿轮4、螺母5、垫圈6、开口垫圈7和推力球轴承8装在主轴上，然后把主轴穿至要求的位置。

步骤7　从箱体后端将后轴承壳体分组件装入箱体，并拧紧螺钉。

步骤8　将圆锥滚子轴承10的内圈按定向装配法装在主轴上，敲击时用力不要过大，以免主轴移动。

步骤9　依次装入衬套11、盖板12、圆螺母13及法兰14，并拧紧所有螺钉。

步骤10　对装配情况进行全面检查，防止漏装和错装。

三、注意事项

1. C630型车床主轴较重，在装入箱体时装配人员要注意相互配合。
2. 在安装轴承时要控制好敲击力度。

 学习单元4　离合器的装配

 学习目标

1. 能区别离合器的结构分类。
2. 能调整片式摩擦离合器的摩擦片间隙。

 知识要求

离合器是一种能使主、从动轴在机器工作时就能方便地把它们接合或分开的传动装置，分为牙嵌式和摩擦式两种。

1. 牙嵌式离合器的装配

牙嵌式离合器靠啮合的牙面来传递扭矩，结构简单，但有冲击，如图2—77所示。它由两个端面具有凸齿的结合子组成，其中结合子1固定在主动轴上，结合子

2 用导键或花键与从动轴连接。通过操纵手柄控制的拨叉 4 可带动结合子 2 轴向移动，使结合子 1 和 2 接合或分离。导向环 3 用螺钉固定在主动轴结合子 1 上，以保证结合子 2 移动的导向和定心。

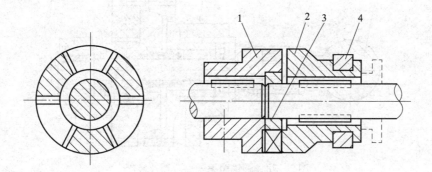

图 2—77　牙嵌式离合器及装配

1、2—结合子　3—导向环　4—拨叉

（1）装配要求

1）接合和分离时，动作要灵敏，能传递设计的转矩，且工作平稳可靠。

2）结合子齿形啮合间隙要尽量小些，以防旋转时产生冲击。

（2）装配方法

1）将结合子 1、2 分别装在轴上，结合子 2 与被动轴和键之间能轻快滑动，结合子 1 要固定在主动轴上。

2）将导向环 3 安装在结合子 1 的孔内，用螺钉紧固。

3）把从动轴装入导向环 3 的孔内，再装拨叉 4。

2. 圆锥摩擦式离合器的装配

摩擦离合器靠接触面的摩擦力传递扭矩，分为片式及圆锥两种。特点是接合平稳，且可起安全保护作用，但结构复杂，需经常调整。图 2—78 所示为圆锥摩擦式离合器的结构，它利用锥体 5 的外锥面和齿轮 4 的内锥面的紧密接合，把齿轮 4 的运动传给齿轮 6。图示为扳平手柄 1 的情况，使手柄 1 紧压套筒 3，齿轮 4 与锥体 5 压紧，接通运动；当向下扳动手柄 1 时，即不再压紧套筒 3，内、外锥面在弹簧作用下脱开，切断运动。圆锥摩擦式离合器的装配方法如下：

（1）两圆锥面接触必须符合要求，用涂色法检查时，其接触斑点应均匀分布在整个圆锥表面上，如图 2—79a 所示。图 2—79b 为接触斑点靠近锥底，图 2—79c 为接触斑点靠近锥顶，都表示锥体的角度不正确，可通过刮削或磨削方法来修整。

175

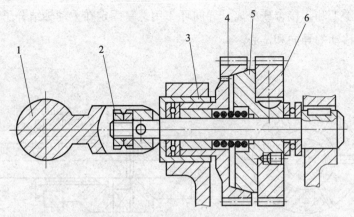

图2—78　圆锥摩擦式离合器及装配

1—手柄　2—螺母　3—套筒　4、6—齿轮　5—锥体

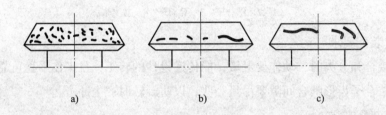

a)　　　　　　　　　　b)　　　　　　　　　　c)

图2—79　涂色法检查锥面上接触斑点分布情况

（2）接合时要有足够的压力把两锥体压紧，断开时应完全脱开。开合装置必须调整到把手柄1扳到如图2—78所示位置时，两个锥面能产生足够的摩擦力；扳下手柄1时，运动能完全断开。摩擦力的大小可通过调节螺母2来控制。

3. 片式摩擦离合器

如图2—80所示为双向片式摩擦离合器，离合器由多片内、外摩擦片相间排叠，内摩擦片经花键孔与主动轴连接，随轴一起转动。外摩擦片空套在主动轴上，其外缘有4个凸缘，卡在空套主动轴上齿轮的4个缺口槽中，压紧内、外摩擦片时，主动轴通过内、外摩擦片间的摩擦力带动空套齿轮转动，松开摩擦片时，套筒齿轮停止转动。

装配时，摩擦片间隙要适当，如果间隙过大，操纵时压紧力不够，内、外摩擦片会打滑，传递扭矩小，摩擦片也容易发热、磨损；如果间隙太小，操纵压紧费力，且失去保险作用，停车时，摩擦片不易脱开，严重时可导致摩擦片烧坏，所以必须调整适当。

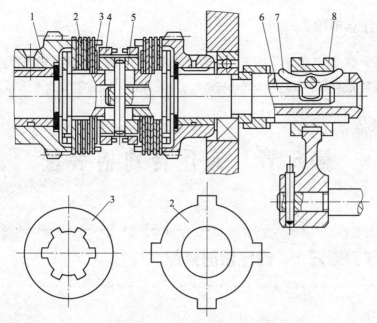

图 2—80　双向片式摩擦离合器

1—套筒齿轮　2—外摩擦片　3—内摩擦片　4—螺母　5—花键轴　6—拉杆　7—元宝键　8—滑环

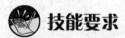 **技能要求**

技能　调整 CA6140 型车床离合器的摩擦片间隙

一、操作准备

1. 材料准备：CA6140 型车床主轴箱。

2. 工、量具准备：一字螺钉旋具。

二、操作步骤

步骤 1　将车床的操作手柄扳到正转（或反转）的位置上。

步骤 2　用一字螺钉旋具将定位销压入螺母的缺口下。

步骤 3　转动螺母 1 调整间隙，直到螺母压紧离合器的摩擦片为止。

步骤 4　将车床的操纵手柄扳到停车的位置上。

步骤 5　继续拨动螺母压紧离合器的摩擦片，要使定位销弹出重新进入螺母的
缺口中，以防止螺母在工作过程中松脱。

三、注意事项

1. 在调整 CA6140 型车床离合器的摩擦片间隙时要关闭车床的电源。
2. 调整完间隙后要进行试车检查，一旦发现过松或过紧要及时重新调整。

第5节 液压传动的装配

 学习单元1 液压泵的装配

 学习目标

1. 了解液压泵的类型和应用特点。
2. 掌握液压泵的工作原理。
3. 掌握液压泵的装配方法和要点。

 知识要求

液压泵的种类很多，目前最常用的有齿轮泵、叶片泵、柱塞泵等；按泵的输油方向能否改变可分为单向泵和双向泵；按其输出的流量能否调节可分为定量泵和变量泵；按额定压力的高低又可分为低压泵、中压泵和高压泵三类。

一、齿轮泵的工作原理和应用特点

齿轮泵是液压系统中常用的液压泵，按其结构不同分外啮合式和内啮合式两大类，其中外啮合式齿轮泵应用较为广泛，下面重点介绍。

1. 外啮合式齿轮泵的工作原理

图 2—81 为外啮合式齿轮泵的工作原理图。泵体内装有一对齿数相同相互啮合的齿轮，齿轮的两端面靠泵端盖（图中未画出）密封。泵体、端盖和齿轮的各齿槽形成了密封容积。这种泵无专门的配流装置，而是靠两齿轮沿齿宽方向的啮合线起配流装置的作用，即把密封容积分成吸油腔和压油腔两部分，

在吸油与压油过程中互不相通。当齿轮按图 2—81 所示箭头方向旋转时，右侧油腔由于轮齿逐渐脱开啮合，使密封容积逐渐增大而形成局部真空，油箱中的油液在大气压作用下，经油管进入吸油腔，充满齿槽，并随着齿轮的旋转被带到左腔。而左边的油腔，由于轮齿逐渐进入啮合，使密封容积逐渐减小，齿槽中的油液受到挤压，从排油口排出。当齿轮不断旋转时，吸油腔不断吸油，压油腔不断排油。

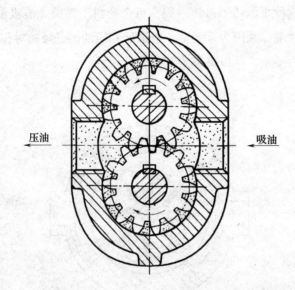

图 2—81　外啮合式齿轮泵工作原理

2. 齿轮泵的特点及用途

外啮合齿轮泵结构简单，尺寸小，重量轻，制造方便，价格低廉，工作可靠，自吸能力强（允许的吸油真空度大），对油液污染不敏感，维护容易。但一些机件要承受不平衡径向力，磨损严重，泄漏大，工作压力的提高受到限制，此外，它的流量脉动大，因而压力脉动和噪声都较大。外啮合式齿轮泵主要用于低压或不重要的场合。

二、叶片泵的工作原理和应用特点

叶片泵可分为双作用式和单作用式两大类，前者是定量泵，后者是变量泵，叶片泵在液压系统中得到了广泛应用。

1. 双作用式叶片泵的工作原理

图 2—82 所示为双作用式叶片泵的工作原理。双作用式叶片泵主要由定子 1、转子 2、叶片 3、配流盘 4、传动轴 5 和泵体 6 等组成。转子和定子同心安装，定子

内表面近似椭圆形，它由两段长半径 R 圆弧、两段短半径 r 圆弧和四段过渡曲线组成。转子旋转时，由于离心力和叶片根油压的作用，使叶片顶部紧靠在定子内表面上，这样，由每两个叶片之间和定子的内表面、转子的外表面及前后配流盘形成了若干个密封工作腔。如图2—82中的转子顺时针方向旋转时，密封工作腔的容积在左上角和右下角处逐渐增大，形成局部真空而吸油，为吸油区；在右上角和左下角处密封工作腔的容积逐渐减小而压油，为压油区。吸油区和压油区之间有一段封油区把它们隔开。这种泵的转子每转一周，每个密封工作腔完成吸油、压油各两次，故称为双作用叶片泵。又因为泵的两个吸油区和压油区是径向对称的，使作用在转子上的径向液压力平衡，所以又称为卸荷式叶片泵。

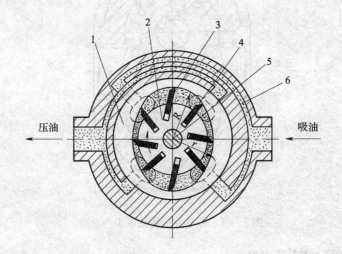

图2—82　双作用式叶片泵工作原理

1—定子　2—转子　3—叶片

4—配流盘　5—轴　6—泵体

2. 单作用式叶片泵工作原理

如图2—83所示，单作用式叶片泵由转子1、定子2、叶片3、配流盘4、泵体5等组成。与定量泵的不同之处是定子的内孔是一个与转子偏心安装的圆环，两侧的配流盘上开有两个配流窗口，一个吸油窗口，一个压油窗口。这样，转子每转一转，转子、定子、叶片和配流盘之间形成的密封容积只变化一次，完成一次吸油和压油，因此称为单作用式叶片泵。由于转子单方向承受压油腔油压的作用，径向力不平衡，所以又称为非卸荷式叶片泵。这种泵的工作压力不宜过高，其最大特点是只要改变转子和定子的偏心距 e 和偏心方向，就可以改变输油量和输油方向，成为变量叶片泵。

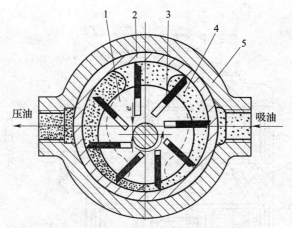

图 2—83　单作用式叶片泵工作原理
1—转子　2—定子　3—叶片　4—配流盘　5—泵体

3. 叶片泵应用特点

叶片泵具有流量均匀、运转平稳、噪声小等优点。但结构比较复杂，自吸能力差，对油液污染比较敏感。

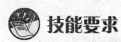 技能要求

技能 1　CB 型齿轮泵的装配

一、操作准备

1. 材料准备：CB 型齿轮泵。

2. 工、量具准备：一字螺钉旋具等。

二、操作步骤

CB 型齿轮泵的结构如图 2—84 所示。

步骤 1　仔细去掉毛刺，用油石修钝锐边，注意齿轮不能倒角。

步骤 2　仔细用清洁煤油清洗零件。

步骤 3　CB 型齿轮泵的轴向间隙由齿轮与泵体直接控制，中间不许加纸垫。可将泵体和齿轮的厚度分别用千分尺测出，使泵体厚度大于齿轮厚度 0.02 ~ 0.03 mm；或将泵体与齿轮直接放在标准平板上，用百分表比较测量。其径向间隙保持在 0.13 ~ 0.16 mm。

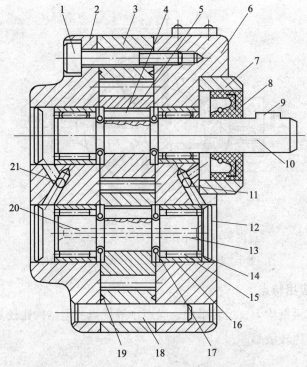

图2—84　CB型齿轮泵结构

1—螺钉　2—压盖板　3—泵体　4—平键　5—齿轮　6—前盖板　7—套　8—回转密封圈

9—平键　10—长轴　11—泄油孔　12—压盖　13—短轴　14—挡圈　15—滚针

16—轴承壳　17—弹簧挡圈　18—圆柱销　19—卸荷槽

20—短轴中心孔　21—小孔

步骤4　将定位销插入后，对角交叉均匀紧固螺钉，以防止变形。

步骤5　装完后用手旋转长轴，感觉旋转平稳无轻重不均匀现象。

步骤6　将油泵置于工作系统或试验台，空转约15 min，升至工作压力，一般压力波动在±0.15 MPa。

技能2　YB型叶片泵的装配

一、操作准备

1. 材料准备：YB型齿轮泵。

2. 工、量具准备：一字螺钉旋具等。

二、操作步骤

YB型齿轮泵的结构如图2—85所示。

步骤 1　装配时各零件应清洗干净，不得有任何污物。

步骤 2　叶片应与修磨后的转子叶片槽配研，保持间隙在 0.008 ～ 0.015 mm，用手推动应灵活自如。且其高度应保证略低于转子槽口 0.005 mm。

步骤 3　定子与转子配油盘间的轴向间隙保持在 0.04 ～ 0.06 mm。

步骤 4　注意叶片与转子在定子中应保持原来的方向，不得装反。

步骤 5　装好后，用手旋转花键轴，应灵活平稳，无阻滞现象。

步骤 6　在额定压力与流量下试运转时，各接合面不得漏油。

步骤 7　在额定压力下工作，压力波动值允差 ±0.2 MPa。

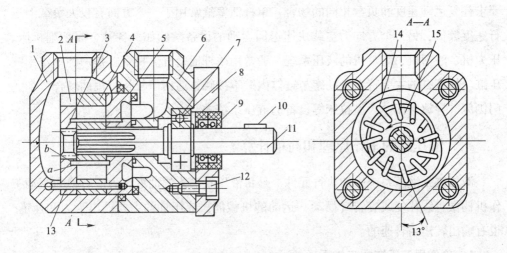

图 2—85　叶片泵的结构

1—泵体　2—左配油盘　3—滚针轴承　4—定子　5—右配油盘　6—壳体

7—滚动轴承　8—端盖　9—密封圈　10—键　11—传动轴

12—螺钉　13—定位销　14—叶片　15—转子

 学习单元 2　液压缸的装配

 学习目标

1. 了解液压缸的类型和应用特点。

2. 掌握液压缸的工作原理。

3. 掌握液压缸的装配方法和要点。

 **知识要求**

一、液压缸的类型和应用特点

液压缸可分为活塞缸、柱塞缸和摆动缸三类；按其供油方向不同可分为单作用式和双作用式两种。单作用式液压缸中液压力只能使活塞（或柱塞）单方向运动，反方向运动必须靠外力（如弹簧力或自重等）实现；双作用式液压缸可由液压力实现两个方向的运动。活塞式液压缸分为双杆式和单杆式两种。双杆液压缸常用于要求往复运动速度和负载相同的场合。单杆活塞缸常用于一个方向有较大负载但运行速度较低，另一个方向为空载快速退回运动的设备。例如，各种金属切削机床、压力机、注塑机、起重机的液压系统一般常用单杆活塞缸。柱塞缸是一种单作用液压缸。柱塞缸的主要特点是柱塞与缸体内壁不接触，适用于较长行程的场合，如龙门刨床、导轨磨床、大型拉床等设备的液压系统中。

二、液压缸的工作原理和简单计算

液压缸是液压系统中的执行元件，是将液压泵输入的油液压力能转换为驱动工作机构做直线往复或旋转（摆动）运动的机械能。液压缸的主要输出为力和速度，也有输出转矩与转速的。

1. 单作用液压缸的工作原理

常用的单作用液压缸有柱塞式和活塞式两种。以活塞式单作用液压缸为例说明其工作原理。如图2—86所示，当压力为 p 的工作液体由液压缸进油口以流量 q 进入活塞缸左腔后，油液压力均匀作用在活塞左端面上，活塞杆在油液压力作用下，产生推力 F，并以速度 v 向右伸出，从而驱动工作机构。反之，若液压缸左腔卸压，则活塞靠自重（垂直安装情况下）或弹簧力等外力作用下缩回。

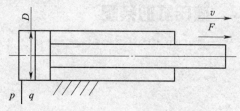

图2—86 活塞式单作用液压缸工作原理

活塞式单作用缸输出的推力为

$$F = Ap\eta_\mathrm{m} = \frac{\pi}{4}D^2 p\eta_\mathrm{m} \tag{2—1}$$

式中　A——活塞的有效面积；

　　　D——活塞的直径；

　　　p——液压缸的进油液压力；

　　　η_m——液压缸的机械效率。

推力 F 与外载荷平衡，故液压缸的进油压力 p 取决于外载荷。

活塞杆的伸出速度 v 为

$$v = \frac{q}{A}\eta_V = \frac{4q\eta_V}{\pi D^2} \tag{2—2}$$

式中　q——液压缸的输入流量；

　　　η_V——液压缸的容积效率。

由式（2—1）可以看出，对于确定的液压缸，活塞杆的输出力 F 的值取决于输入油液的压力 p，与液压缸的输入流量无关；由式（2—2）可以看出，活塞杆的伸出速度 v 的大小取决于液压缸的输入流量 q，与液压缸的进油液压力 p 无关。

2. 双作用液压缸的工作原理

双作用液压缸与单作用液压缸不同，它是分别向液压缸的两侧输入压力油液，活塞的正、反向运动均靠油液压力来完成。

（1）双作用单活塞杆液压缸

双作用单活塞杆液压缸如图 2—87 所示。该液压缸只有一端有活塞杆伸出，它的两端作用面积不等。工作时可以是缸筒固定，活塞杆驱动载荷；也可以是活塞杆固定，缸筒驱动载荷。在缸筒固定情况下，当 A 口进油液，B 口回油液时，活塞杆伸出；当 B 口进油液，A 口回油液时，活塞杆缩回。从而完成正、反两个方向的运动，故称为双作用液压缸。

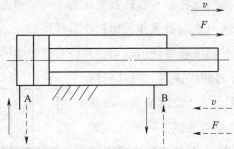

图 2—87　双作用单活塞杆液压缸工作原理

活塞杆伸出和缩回时所产生的推力 F_1 和拉力 F_2 分别为

$$F_1 = (A_1 p_1 - A_2 p_2)\eta_m = \frac{\pi}{4}\big[D^2(p_1 - p_2) + d^2 p_2\big]\eta_m \tag{2—3}$$

$$F_2 = (A_2 p_1 - A_1 p_2)\eta_m = \frac{\pi}{4}\big[D^2(p_1 - p_2) - d^2 p_1\big]\eta_m \qquad (2—4)$$

式中　D——活塞直径；

　　　d——活塞杆直径；

　　　p_1——液压缸的进油压力；

　　　p_2——液压缸的出油压力；

　　　η_m——液压缸的机械效率。

活塞杆伸出速度 v_1 和缩回速度 v_2 分别为

$$v_1 = \frac{q}{A_1}\eta_V = \frac{4q}{\pi D^2}\eta_V \qquad (2—5)$$

$$v_2 = \frac{q}{A_2}\eta_V = \frac{4q}{\pi(D^2 - d^2)}\eta_V \qquad (2—6)$$

式中　q——液压缸的输入流量；

　　　η_V——液压缸的容积效率。

由式（2—5）和式（2—6）可得

$$\varphi = \frac{v_1}{v_2} = \frac{D^2}{D^2 - d^2} \times \frac{1}{1 - (d/D)^2} \qquad (2—7)$$

式中　φ——液压缸伸缩运动速比。

比较式（2—5）和式（2—6），因为 $A_1 > A_2$，所以有 $v_1 < v_2$。即当无杆腔进油时，产生的推力大而速度慢；当有杆腔进油液时，产生的拉力小而速度快。由式（2—7）还能看出，活塞杆越粗（d 越大），速比 φ 越大，活塞杆缩回的速度越快。

（2）差动式液压缸

如图 2—88 所示，当将无杆腔与有杆腔相连通，同时向液压缸两个腔中输入相同压力的油液时，由于无杆腔的有效作用面积比有杆腔的大，所以无杆腔内的压力大于有杆腔内的压力，使活塞杆做伸出运动，并将有杆腔中的油液挤出，流入无杆腔，从而加快了活塞杆的伸出速度。活塞杆缩回时，为有杆腔进油液，无杆腔回油液。液压缸的这种连接方式称为差动连接，这种连接的液压缸称为差动式液压缸。差动连接也可以使双作用单活塞杆液压缸的伸出和缩回速度相等。

差动式液压缸活塞杆伸出速度为 v_1、缩回速度为 v_2。

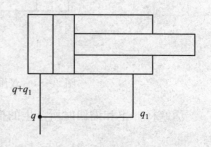

图 2—88　差动式液压缸的工作原理

因为：

$$v_1 A_1 = q + v_1 A_2$$

则有

$$v_1 = \frac{q}{A_1 - A_2} \eta_V = \frac{4q}{\pi d^2} \eta_V \qquad (2—8)$$

$$v_2 = \frac{q}{A_2} \eta_V = \frac{4q}{\pi(D^2 - d^2)} \eta_V \qquad (2—9)$$

活塞杆的推力 F_1 为

$$F_1 = (A_1 p_1 - A_2 p_2)\eta_m = \left[\frac{\pi}{4} D^2 p_1 - \frac{\pi}{4}(D^2 - d^2)p_1 \right]\eta_m = \frac{\pi}{4} d^2 p_1 \eta_m$$
$$(2—10)$$

欲使差动式液压缸的伸缩速度相等，即 $v_1 = v_2$，则由式（2—8）和式（2—9）得 $D = \sqrt{2}d$。

（3）双作用双活塞杆液压缸

双作用双活塞杆液压缸的工作原理如图 2—89 所示。这种液压缸两端有相等直径的活塞杆伸出，液压缸两端的受力面积相等。当流量相等时，两个方向的运动速度 v 相等；当两端的输入压力相等时，两个方向的输出力 F 相等。分别为

$$F = \frac{\pi}{4}(D^2 - d^2)(p_1 - p_2)\eta_m \qquad (2—11)$$

$$v = \frac{4q\eta_V}{\pi(D^2 - d^2)} \qquad (2—12)$$

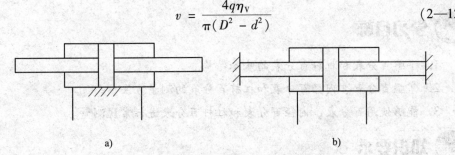

a)　　　　　　　　　　　　　　　b)

图 2—89　双作用双活塞杆液压缸的工作原理

a）缸筒固定　b）活塞杆固定

这种液压缸可将缸体固定，如图 2—89a 所示，当缸的左腔输入油液时，推动活塞向右移动，右腔中的油液排出；反之，活塞反向移动。其活动范围约为活塞有效行程的 3 倍；当将活塞杆固定，如图 2—89b 所示，缸筒作为活动件，左腔输入油液时，液压缸向左移动，右腔油液被排出；反之，液压缸反向移动，缸筒便可以驱动工作机构运动。这种液压缸的活动范围约为缸体有效行程的两倍。

第 1 节 精 度 检 验

 学习单元 1 指示表类量仪的使用

 学习目标

1. 了解百分表和杠杆百分表的基本结构。
2. 掌握百分表、内径百分表和杠杆百分表的测量方法。
3. 能够使用百分表、内径百分表和杠杆百分表进行常规测量。

 知识要求

一、百分表的结构原理

百分表是一种将测量杆的直线位移通过齿条和齿轮传动系统转变为指针的角位移进行读数的指示式长度测量工具,主要用来测量工件的尺寸、形状和位置误差,也可用于检验机床的几何精度或调整工件的装夹位置偏差。

1. 百分表的结构

百分表的外形及结构如图 3—1 所示,主要由测头 1、量杆 2、小齿轮 3 ($Z_1 =$

16）、大齿轮 4、9（$Z_2 = 100$）、表盘 5、表圈 6、长指针 7、短指针 8、小齿轮 10
（$Z_3 = 10$）、拉簧 11 等组成。

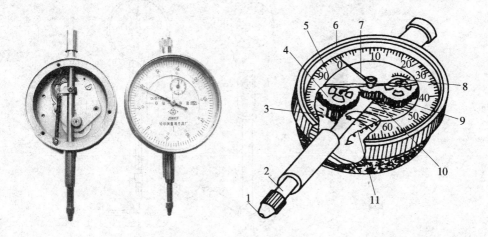

图 3—1 百分表的结构

1—测头 2—量杆 3—小齿轮 4、9—大齿轮 5—表盘

6—表圈 7—长指针 8—短指针 10—小齿轮 11—拉簧

2. 百分表的刻线原理与读数

百分表量杆上的齿距是 0.625 mm。当量杆上升 16 齿时（即上升 0.625 × 16 =
10 mm），16 齿的小齿轮 3（$Z_1 = 16$）正好转 1 周，与其同轴的大齿轮 4（$Z_2 =$
100）也转 1 周，从而带动齿数为 10 的小齿轮 10（$Z_3 = 10$）和长指针转 10 周。即
当量杆上移动 1 mm 时，长指针转一周。由于表盘上共等分 100 格，所以长指针每
转 1 格，表示量杆移动 0.01 mm。故百分表的测量精度为 0.01 mm。

测量时，量杆 2 被推向管内，量杆移动的距离等于小指针的读数（测出的整数
部分）加上大指针的读数（测出的小数部分）。

3. 百分表的测量范围和精度

百分表的测量范围一般为 0~3 mm、0~5 mm 和 0~10 mm。按制造精度不同，
百分表可分为 0 级、1 级和 2 级。

二、内径百分表的结构原理

内径百分表可用来测量孔径和孔的形状误差，对于测量深孔极为方便。内径百
分表的外形与结构如图 3—2 所示。

内径百分表的表体与普通百分表一样，不同的是内径百分表有专用表架，在
表架测量头端有可换触头 1 与量杆 2。测量内孔时，孔壁使量杆 2 向左移动而推动

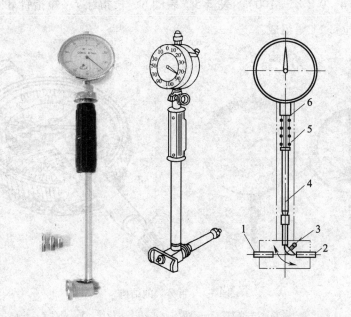

图3—2 内径百分表结构

1—可换触头 2、4—量杆 3—摆块 5—弹簧 6—触头

摆块3，摆块3使量杆4上移，推动百分表触头6，使百分表指针转动而指出读数，读数与测量值1:1。测量完毕，在弹簧5作用下，量杆自动回位。

通过更换可换触头1，可改变百分表的测量范围，测量范围从6～250 mm分为多个组别。内径百分表的示值误差较大，一般为±0.015 mm。因此，在每次测量前都必须用千分尺进行校对。

三、杠杆百分表的结构原理

杠杆百分表是测量长度尺寸的精密测量工具，由于杠杆百分表体积小，测量杆细而长，能回转180°，所以它特别适用于测量受空间限制的孔和槽，其外形结构如图3—3所示。杠杆百分表的测量精度为0.01 mm，测量范围一般为0～0.8 mm。

使用杠杆百分表测量时，当杠杆百分表的球面测杆1受到被测表面的位移量时，在杠杆力的作用下测杆1使扇形齿轮2摆动，扇形齿轮2与圆柱齿轮3啮合传动，从而使与圆柱齿轮3同轴的端面齿轮4转动，端面齿轮4与小齿轮5啮合传动，使与小齿轮5同轴的指针6转动而显示读数。测量完毕，在弹簧钢丝8的作用下，测杆1回到原位。

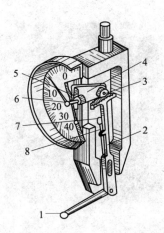

图3—3 杠杆百分表

1—球面测杆 2—扇形齿轮 3—圆柱齿轮 4—端面齿轮 5—小齿轮 6—指针 7—拨杆 8—弹簧钢丝

四、常用表类量具的维护保养

1. 不允许测量表面粗糙或有明显凹凸的工件表面，这样会使精密量具的测量杆发生歪扭和受到旁侧压力，从而损坏测量杆和其他机件。

2. 不应把精密量具放置在机床的滑动部位，如机床导轨等处，以免使量具轧伤和摔坏。

3. 不要把精密量具放在磁场附近，以免造成百分表机件感受磁性，失去应有的精度。

4. 使用完毕后，必须用干净的布或软纸将精密量表的各部分擦干净，然后装入专用盒子内，使测量杆处于自由状态，以免表内弹簧失效。

 技能要求

技能1 用百分表检验零件的平面度误差

一、操作准备

1. 材料准备：棉擦布、被测零件、防锈润滑油。

2. 工具准备：磁性表架、检验平板、百分表等。

二、操作步骤

步骤1 将百分表安装固定在磁性表架（或万能表座）上，如图3—4所示。

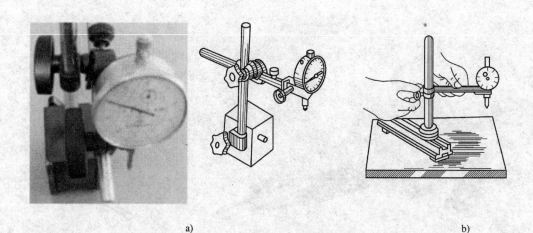

a)   b)

图3—4　百分表的安装

a）磁性表座安装　b）用万能表座安装

步骤2　将被测零件及表架支撑在平板上，并调整百分表对"0"位。调整支架使百分表测头与被测表面垂直接触，微调百分表使其长指针转过2～3圈后停在某处，然后轻提测帽1 mm左右松手，使测杆自由落下，如此反复做2～3次，检查指针是否指在原来位置。如果指针仍在原来位置，则转动表盘，使表盘上的"0"刻度线对准长指针。

步骤3　如图3—5所示，用百分表调整被测表面上的1与2两点等高，再调整被测表面上的点3使其与1、2两点连线等高，其目的是找出一个理想平面。

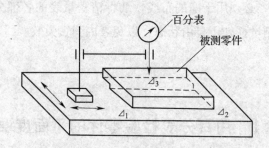

图3—5　百分表检验平面度误差

步骤4　用百分表在被测表面上按对角线法移动，百分表的最大与最小读数之差即为平面度误差。

三、注意事项

1. 用百分表测量平面时，测杆要垂直于被测表面；测量圆柱形工件时，测杆要垂直地通过被测工件中心线，以防止产生测量误差，如图3—6所示。

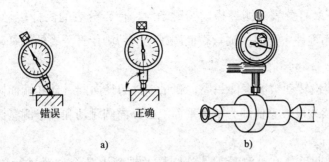

图3—6 百分表的使用

a）测量平面 b）测量圆柱面

2. 测量时，为了防止被测工件撞击百分表的测头，要先提起测杆，再把被测工件推到测头下进行测量。

技能2 用百分表检验径向圆跳动和端面圆跳动

一、操作准备

1. 材料准备：棉擦布、圆柱体类被测零件、防锈润滑油。
2. 工具准备：磁性表架、检验平板、百分表、扳手等。
3. 设备准备：双顶支撑架。

二、操作步骤

步骤1 如图3—7所示，将被测量零件安装在双顶支撑架两顶尖之间。

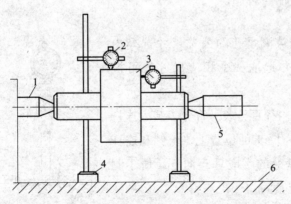

图3—7 用百分表检验径向圆跳动和端面圆跳动

1—固定顶尖 2—百分表 3—工件

4—磁力表架 5—活动顶尖 6—检验平板

步骤2 安装百分表。测量径向圆跳动时，使百分表的测杆接触外圆上母线，并垂直通过被测零件中心线；测量端面圆跳动时，则使百分表的测杆垂直于被测端面。

步骤3 缓慢转动被测零件一周，测量零件的径向圆跳动和端面圆跳动。此时百分表指示器读数最大差值即为单个平面上的径向圆跳动和单个测量圆柱面上的端面圆跳动。

步骤4 如此反复在被测量零件外圆柱及端面上几个位置进行测量，在若干个截面和圆柱面测得的跳动量中的最大值作为该零件的径向圆跳动和端面圆跳动。

三、注意事项

测量前，先要检测双顶支撑架两顶尖是否等高，因为两顶尖如果不等高，则径向圆跳动及端面圆跳动所检测的误差值就不真实。

技能3 用内径百分表测量内孔

一、操作准备

1. 材料准备：棉擦布、孔类被测零件、防锈黄油。
2. 工具准备：内径表架、千分尺或标准环规、内径百分表、量具专用小扳手等。

二、操作步骤

步骤1 根据被测量孔的公称尺寸选择内径表的测量范围并选取一个相应尺寸的可换测头。

步骤2 组装内径百分表。百分表装入连杆时，应使小指针在0~1的位置上，长针和连杆轴线重合，刻度盘上的字应垂直向下，便于测量观察，装好后应紧固。

步骤3 用千分尺或标准环规校对零位。校对好零位后的内径百分表不得再进行调整，如图3—8所示。

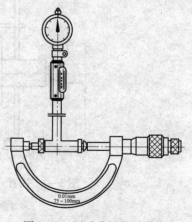

图3—8 用千分尺校对零位

步骤 4 测量内孔。测量时必须摆动内径表，在圆周上多测几个点找出孔径的实际尺寸（最小点）。读数时，如果小指针位置不变，而长指针在"0"位，说明被测尺寸与作比较的基准尺寸相同；如果小指针位置没有明显变化，而长指针停在"0"刻度线左边，说明被测尺寸大于比较的基准尺寸；相反如果长指针停在"0"刻度线右边，说明被测尺寸小于比较的基准尺寸，如图3—9所示。

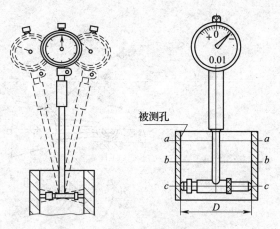

图3—9 用内径百分表测量内孔

步骤 5 测量完成后，拆开百分表、表架、可换测头，将可换测头擦净并涂上黄油，各物品平放于盒内。

三、注意事项

内径百分表的读数与外径百分表的读数刚好相反，内径百分表指针顺时针转动时是小于参考值，而外径百分表则是大于参考值。

技能 4 用杠杆百分表测量长度尺寸

一、操作准备

1. 材料准备：棉擦布、被测零件、防锈黄油。
2. 工具准备：磁性表架、标准量块、杠杆表、检验平板等。

二、操作步骤

步骤 1 安装和调整杠杆百分表。将杠杆百分表装夹在杠杆表架或其他磁性表架上，如图3—10所示。装夹杠杆表应将夹持柄插入装夹机构中，拧紧夹持装置并把杠杆百分表夹紧。

步骤2 调整杠杆百分表换向器，由于杠杆百分表有两个测量方向，测量前应根据测量方向的要求，把换向器调整到所需要的位置。

步骤3 调整杠杆百分表的"0"位。杠杆百分表的对"0"位的方法和普通百分表一样，但应注意表头与测量面的接触角度是否正确，α角应尽可能小，如图3—11所示。

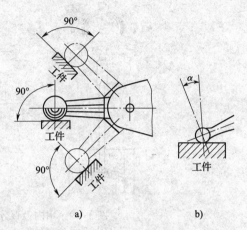

图3—10　杠杆百分表的安装　　　　图3—11　表头的接触角度

　　　　　　　　　　　　　　　　　　　　　a）正确　b）不正确

步骤4 按测量尺寸的标准值组合量块高度，并将被测零件、组合好的量块与磁力表架安放在同一基准检验平板上，如图3—12所示。

步骤5 测量长度尺寸。以组合量块高度为基准对被测零件进行比较测量，从表上读得的数值就是被测量零件与组合量块的尺寸差。

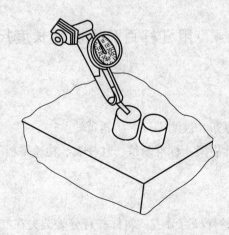

图3—12　测量长度尺寸

技能 5　连杆孔精度检测

一、操作准备

1. 材料准备：棉擦布、连杆、垫铁、红丹粉、20 号机油。

2. 工具准备：磁性表架、表面粗糙度样块、百分表、内径百分表、千分尺等。

3. 设备准备：检验平台、检验心轴、90°角尺、标准量块、圆度仪。

二、操作步骤

步骤 1　识读连杆零件图，如图 3—13 所示。

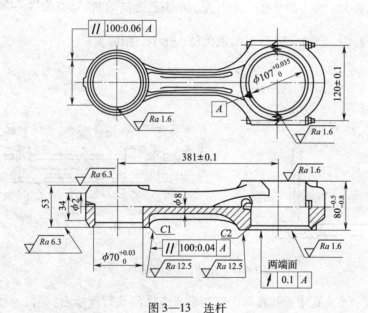

图 3—13　连杆

步骤 2　零件精度分析。

（1）尺寸精度。连杆大孔直径尺寸要求为"$\phi 107^{+0.035}_{0}$ mm"，孔径精度为 IT7。大孔外端面间距离为"$80^{-0.5}_{-0.8}$ mm"。小孔直径尺寸要求为"$\phi 70^{+0.03}_{0}$ mm"，孔径精度为 IT6。

（2）形位精度。两孔间中心距要求为（381 ± 0.1）mm。大孔两外端面对孔中心线的端面跳动不大于 0.1 mm；小孔中心线水平方向对大孔中心线平行度不大于 100∶0.04；小孔中心线垂直方向对大孔中心线平行度不大于

100∶0.06。

（3）表面粗糙度。大孔内表面的粗糙度要求均为 $Ra 1.6$ μm；小孔内表面的粗糙度要求为 $Ra 1.6$ μm；大孔两外端面的表面粗糙度为 $Ra 1.6$ μm；小孔两外端面的表面粗糙度为 $Ra 6.3$ μm。

步骤3 零件检测。

（1）孔径检测。孔加工中及加工后的最终检测都可用内径百分表进行比较检测。

（2）连杆厚度及两孔中心距可用千分尺检测。两孔内装入心轴，用千分尺测两心轴侧母线间距，将该数值减去两心轴半径即两孔的中心距。但应扣去孔、轴的偏差对测量数值的影响。

大头孔轴间隙为 0.02 mm，小头孔轴间隙为 0.025 mm，则千分尺所测两心轴外径距离，减去大、小头轴半径，加上大、小头孔轴间隙的一半 $\left(\dfrac{0.02+0.025}{2}\ mm\right)$ 即为两孔中心距。图 3—14 所示的是孔径、孔中心距的测量法。

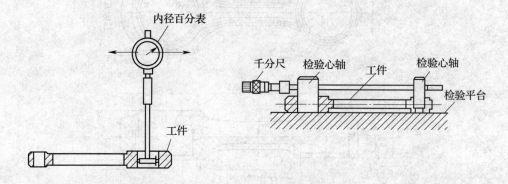

图 3—14 孔径、孔中心距的检验

（3）大、小头孔中心线在两个互相垂直方向的平行度检测。图 3—15a 为检测两孔中心线在连杆体中心平面的垂直平面上平行度，用百分表测得的轴两端的读数差即为平行度误差；图 3—15b 为检测连杆体的中心平面上两孔中心线平行度的方法，在小头孔的轴两端读数差即为平行度误差值。

（4）大、小头孔端面与孔的垂直度检测。用塞尺和 2 mm 块规可检测孔端面与孔的垂直度。

（5）孔的精度检测。在孔表面涂红丹粉，用心轴对孔表面进行研点检查，以孔表面接触面积评定孔的圆度，此外也可用圆度仪检查。

（6）表面粗糙度用表面粗糙度样板进行比较测量。

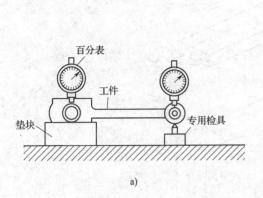
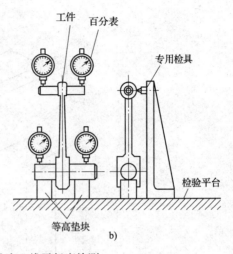

图 3—15　连杆大、小头孔中心线平行度检测

a）大、小头孔中心线水平方向平行度检测　b）大、小头孔中心线垂直方向平行度检测

三、注意事项

1. 选用的检验心轴与连杆孔配合良好，不能出现配合过紧或过松现象。
2. 垫铁上、下两面要保证平行，否则连杆在检验时会出现倾斜现象。

学习单元 2　量块和正弦规的使用

学习目标

1. 了解量块的特点。
2. 能够进行量块尺寸组合并正确使用量块。
3. 了解正弦规的结构和测量原理。
4. 能够使用正弦规进行斜面和锥度的测量。

知识要求

量块又称为块规，是相互平行的两测量面间具有精确尺寸、无刻度的端面长度计量器具。它是长度量值传递系统中的实物标准，是机械制造中实际使用的长度基准。如图 3—16 所示是 40 mm 和 4 mm 长度的两块量块。

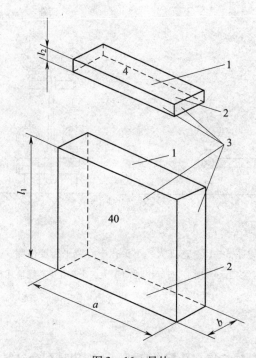

图 3—16　量块

1—上测量面　2—下测量面　3—侧面

a—测量面长度　b—测量面宽度　l_1、l_2—量块长度（量块尺寸）

一、量块的结构特点及用途

1. 量块的结构特点

量块的形状有长方体和圆柱体两种，常用的是长方体。长方体量块上有两个平行的测量面和四个非测量面，两测量面之间的平行度、表面粗糙度的要求都极严格（Ra 值不大于 $0.02\ \mu m$）。

量块的两个测量面极为光滑、平整，具有研合性，是用铬锰合金钢制成，线膨胀系数小，不易变形，且耐磨性好。

2. 量块的用途

量块的应用较为广泛，除了作为量值传递的媒介以外，还用于检定和校准其他量具、量仪，相对测量时调整量具和量仪的零位，以及用于精密机床的调整、精密划线和直接测量精密零件等。

为了扩大量块的应用范围，可采用量块附件。量块附件主要有夹持器和各种量爪，如图 3—17a 所示。量块及其附件装配后，可测量外径、内径（见图 3—17b）或作精密划线等（见图 3—17c）等使用。

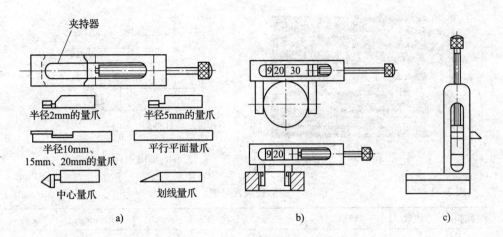

图 3—17 量块附件

a）夹持器及量爪 b）测量外径、内径 c）精密划线

二、量块的尺寸系列及组合方法

1. 量块的尺寸系列

在实际生产中，量块是成套使用的，每套量块由一定数量的不同标称尺寸的量块组成，装在特制的木盒内（见图 3—18），以供选择组合成各种尺寸，满足一定尺寸范围内的测量需求。GB/T 6093—2001 共规定了 17 套量块。常用成套量块的级别、尺寸系列、间隔和块数见表 3—1。

2. 量块的尺寸组合方法

使用量块时，为了减少量块组合的累积误差，获得较高的组合尺寸精度，应力求用最少的块数组成一个所需尺寸，一般要求不超过 4～5 块。每选一块量块，应使尺寸数字的位数减少一位，以此类推，直至组合成完整的尺寸。例如从 83 块一套的量块中选取组成 51.995 mm 的尺寸，如图 3—19 所示。其选取方法如下：

51.995	需要的量块尺寸
−1.005	第一块量块尺寸
50.99	
−1.49	第二块量块尺寸
49.5	
−9.5	第三块量块尺寸
40	第四块量块尺寸

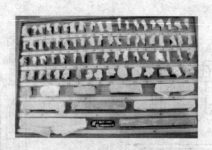

图 3—18　套装量块

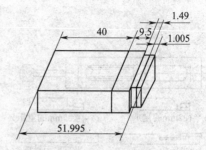

图 3—19　量块组合

表 3—1　　　　　　　　　**成套量块尺寸表**

套别	总块数	级别	公称尺寸/mm	间隔/mm	块数
1	83	0、1、2、3	0.5	—	1
			1	—	1
			1.005	—	1
			1.01, 1.02, …, 1.49	0.01	49
			1.5, 1.6, …, 1.9	0.1	5
			2.0, 2.5, …, 9.5	0.5	16
			10, 20, …, 100	10	10
2	46	0、1	1	—	1
			1.001, 1.002, …, 1.009	0.001	9
			1.01, 1.02, …, 1.09	0.01	9
			1.1, 1.2, …, 1.9	0.1	9
			2, 3, …, 9	1	8
			10, 20, …, 100	10	10
3	38	1、2、3	1	—	1
			1.005	—	1
			1.01, 1.02, …, 1.09	0.01	9
			1.1, 1.2, …, 1.9	0.1	9
			2, 3, …, 9	1	8
			10, 20, …, 100	10	10

三、量块的维护保养

1. 在研合时应保持动作平稳，以免测量面被量块棱角划伤。

2. 要防止腐蚀性气体侵蚀量块，使用时不得用手接触测量面，以免影响量块的组合精度。

3. 为保持量块精度，延长使用寿命，一般不允许用量块直接测量工件。

4. 对于量块组和大尺寸量块，最好用竹镊子夹持，减少手拿量块的时间，以减少手温的影响，如图3—20所示。

5. 使用后，拆开组合量块，用航空汽油或苯将其洗净擦干，并涂上防锈油，然后装在特制的木盒或带有干燥剂的密封玻璃罐内，决不允许将量块结合在一起存放。

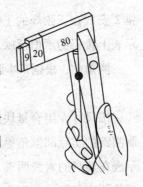

图3—20 夹持量块

四、正弦规的结构和测量原理

1. 正弦规的结构形式和基本尺寸

正弦规是利用正弦定义测量角度和锥度的量规，也称正弦尺。正弦规一般是配合量块使用，利用量块垫起一端使之倾斜一定角度，以便在水平方向按微差比较方式测量检验圆锥量规等工具的锥度和角度偏差。

正弦规的外形主要由一钢制长方体和固定在其两端的两个相同直径的钢圆柱体组成。如图3—21所示，正弦规的工作面主体3与底部两个等直径圆柱4的公切面平行，侧挡板1和前挡板2用来安放被测工件。

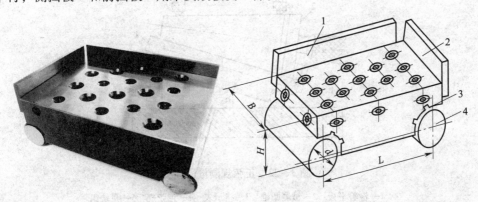

图3—21 正弦规
1—侧挡板 2—前挡板 3—工作面主体 4—圆柱

按正弦规工作面宽度 B 的不同，正弦规分为宽型和窄型两种。两圆柱中心距 L 有 100 mm 和 200 mm 两种规格。正弦规常用的精度等级为 0 级和 1 级，其中 0 级精度为高。

2. 正弦规的测量原理

正弦规测量原理如图3—22所示。测量外圆锥角时，正弦规4与尺寸恰当的量块组5配合使用，它们均放置在平板1的工作面上，构成一基本圆锥角 α，被测圆锥2安放在正弦规的工作面上，指示表3的测头与被测圆锥最高的素线接触，从指示表上读得的示值反映出实际被测外圆锥角的偏差 $\Delta\alpha$。

测量前，根据基本圆锥角 α 和正弦规两圆柱的中心距 L，计算出量块组的尺寸 h：

$$h = L\sin\alpha \tag{3—1}$$

按尺寸 h 组合量块，把该量块组垫在正弦规无挡板一端圆柱的下面。如果被测圆锥的实际圆锥角等于 α，则该圆锥最高的素线必然平行于平板的工作面，由指示表在最高的素线两端 a、b 两点测得的示值相同，否则由指示表在这两点测得的示值就不相同，分别为 M_a（mm）与 M_b（mm），这时圆锥角偏差 $\Delta\alpha$ 按式（3—2）计算：

$$\Delta\alpha = \frac{M_a - M_b}{l}(\text{rad}) = \frac{M_a - M_b}{l} \times 2 \times 10^5(″) \tag{3—2}$$

式中 l——a、b 两点间的距离（mm）。

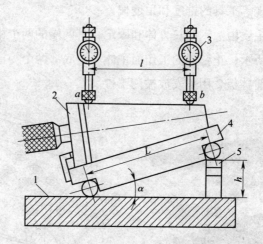

图3—22 正弦规测量原理图

1—检验平板 2—被测圆锥 3—指示表 4—正弦规 5—量块组

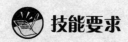 **技能要求**

技能1 量块的组合使用

一、操作准备

1. 材料准备：软绸洁布、优质航空汽油。

2．工具准备：83 块套装量块。

二、操作步骤

步骤 1　按照测量所需的尺寸长度选择组合量块的块数。

步骤 2　用优质航空汽油将选用的各块量块清洗干净，用软绸洁布擦干。

步骤 3　以大尺寸量块为基础，顺次将小尺寸量块研合上去。研合方法如下：将量块沿着其测量面长边方向，先将两块量块用测量面的端缘部分接触并研合，然后稍加压力，将一块量块沿着另一量块推进，如图 3—23 所示，使两块量块的测量面全部接触，并研合在一起。

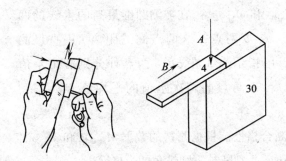 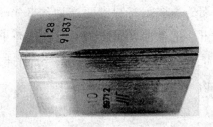

图 3—23　量块的研合

A—加力方向　B—推进方向

步骤 4　用软绸洁布将研合时留在量块测量面上的指纹或微粒擦干净即可使用组合后的量块组。

三、注意事项

研合前必须用洁净、柔软的棉布擦拭干净量块的两个测量工作面，否则工作面上的灰尘会在研合过程中磨损擦伤测量面，使量块的研合性能降低。

技能 2　正弦规测量外圆锥角

一、操作准备

1．材料准备：外圆锥零件、软绸洁布、优质航空汽油。

2．工具准备：检验平板、正弦规、磁性表架、百分表、83 块套装量块等。

二、操作步骤

步骤1 选取量块组合成组。根据被测圆锥图样上标注的基本圆锥角和正弦规两圆柱的中心距，按式（3—1）计算量块组的尺寸，然后选取量块，把它们研合组成量块组。

步骤2 如图3—22所示，将正弦规4放在检验平板1上，有挡板一端圆柱与平板接触，另一圆柱下面垫上组合好的量块组5，把被测圆锥2固定在正弦规4的工作面上。

步骤3 安装百分表固定在磁性表架上，并调整指示表零位。

步骤4 测量 M_a 和 M_b，计算 $M_{a(平均)}$ 和 $M_{b(平均)}$。在被测圆锥最高的素线的两端分别取距离圆锥两端面约 3 mm 的 a、b 两点，这两点间的距离 l 用直尺测出。把磁性表架放在平板工作面上，用指示表3在 a、b 两点处分别测出示值 M_a 和 M_b。重复测量两次，分别计算 a、b 两点的两次示值的平均值 $M_{a(平均)}$ 和 $M_{b(平均)}$。

步骤5 计算圆锥角偏差 $\Delta\alpha$，判断合格性。根据测得的数据 $M_{a(平均)}$ 和 $M_{b(平均)}$ 和 l，按式（3—2）计算圆锥角偏差 $\Delta\alpha$，并判断被测圆锥角的合格性。

三、注意事项

1. 圆锥零件放置在正弦规工作面时应保持各接触点接触良好、稳固。

2. 为了保证测量锥角的准确性，最好是第一次位置测量完后，将圆锥体转过90°再测量一次，测量结果取两次测量的平均值。

技能3 正弦规测量斜面角度 β

一、操作准备

1. 材料准备：被测零件、软绸洁布、优质航空汽油。
2. 工具准备：检验平板、正弦规、磁性表架、百分表、83 块套装量块等。

二、操作步骤

步骤1 如图3—24所示，将正弦规放在检验平板上，以工件 A 面为基准面，将 A 面放在正弦规的工作面上并固定。

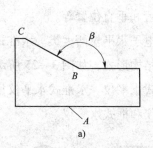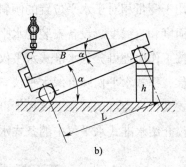

图 3—24 正弦规测量斜面角度

a）零件图 b）测量示意图

步骤 2 将百分表安装固定在磁性表架上，并调整指示针零位。

步骤 3 确定量块组 h 尺寸数值。在正弦规无挡板一端圆柱下垫上量块组 h，使工件 BC 面与正弦规所在的基准平板平行，即 h 值的大小（可能需要经过多次的调整才能获得）应使百分表在工件 BC 平面上各点示值相同。

步骤 4 计算 β 角度值。由正弦规两圆柱中心距 L 和所垫量块组的尺寸 h 值，可以计算出 α 角，$\alpha = \arcsin \dfrac{h}{L}$，而 $\beta = 180° - \alpha$。

 学习单元 3　水平仪的使用

 学习目标

1. 了解水平仪的结构、种类。

2. 掌握水平仪的测量原理和使用方法。

3. 能够使用水平仪进行导轨精度测量。

 知识要求

一、水平仪介绍

1. 水平仪的用途及种类

水平仪是一种测量被测平面相对水平面微小倾角的计量器具。在机械行业和仪表制造中，用于测量相对于水平位置的倾斜角、仪器的底座、工作台面及机床类设备导轨的平面度和直线度、设备安装的水平位置和垂直位置等。

水平仪按工作原理可分为水准式水平仪和电子水平仪两大类。水准式水平仪又有条式水平仪、框式水平仪和合像水平仪三种结构形式，如图3—25所示。按水准器的固定方式又可分为可调式水平仪和不可调式水平仪。水准式水平仪目前使用最广泛，以下仅介绍水准式水平仪中的条式水平仪和框式水平仪。

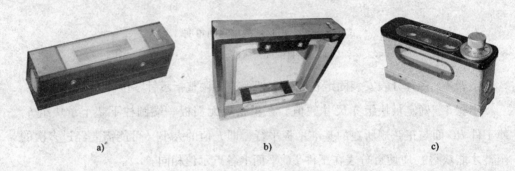

a)   b)   c)

图3—25　水准式水平仪

a）条式水平仪　b）框式水平仪　c）合像水平仪

2. 水准式水平仪的结构与规格

（1）条式水平仪

条式水平仪的结构组成如图3—26所示。它主要是由主体1、主水准器2、盖板3、横向水准器4和"0"位调整装置5组成。在测量面上加工有V形槽，以便放在圆柱形的被测表面上测量。主体可测量基面精度，主水准器用作读数反映出主体测量基面的真实数据，"0"位调整装置用作调整水平仪，一般采用$\phi5$ mm ×0.5 mm细螺纹和多齿弹簧圈，确保"0"位的稳定性和可调性。条式水平仪工作面的规格尺寸长度有几种，常用的是200 mm和300 mm两种。

（2）框式水平仪

框式水平仪的外形结构组成如图3—27所示。它由隔热护板1、主体2、横向水准器3、主水准器4、盖板5和"0"位调整装置6组成。

它与条式水平仪的不同之处在于：条式水平仪的主体为一条形，而框式水平仪的主体为一框形。框式水平仪除有安装水准器的下端测量面之外，还有一个与下端测量面垂直的侧边测量面，因此框式水平仪不仅能测量工件的水平表面，还可用它的侧边测量面与工件的被测表面相靠，检测其对水平面的垂直度。框式水平仪的框架规格有好几种，其中200 mm×200 mm最为常用。

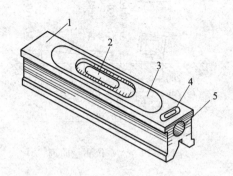

图3—26　条式水平仪结构

1—主体　2—主水准器　3—盖板

4—横向水准器　5—"0"位调整装置

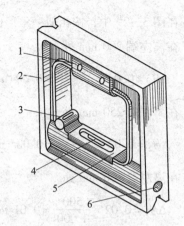

图3—27　框式水平仪结构

1—隔热护板　2—主体　3—横向水准器

4—主水准器　5—盖板　6—"0"位调整装置

二、水准式水平仪的测量原理

水准器式水平仪的主要工作部分是管状水准器（见图3—28），它是一个密封的玻璃管，其内表面的纵剖面是一个曲率半径很大的圆弧面。水准器的玻璃管内装有黏滞系数较小的液体，有精馏乙醚或酒精或其两者的混合体，玻璃管内未注满，形成一个气泡，通常称为水准气泡。

图3—28　主水准器

玻璃管外表面刻有刻度。不管水准器的位置处于何种状态，气泡总是趋向于玻璃管圆弧面的最高位置。当水准器处于水平位置时，气泡位于中央；水准器相对于水平面倾斜时，气泡就偏向高的一侧，倾斜程度可以从主水准器玻璃管外表面上的刻度读出，经过换算就可得到被测表面相对于水平面的倾斜度和倾斜角。

如图3—29所示，假定平板原处于自然水平状态，在平板上放一根1 m长的平行平尺，平尺上的水平仪读数为零，即处于水平状态。如将平尺右端抬起0.02 mm，相当于使平尺与平板平面形成4″的角度。如果此时水平仪的气泡向右移动一格，则该水平仪读数精度规定为每格0.02/1 000，读作千分之零点零二。

水平仪是一种测角量仪，它的测量结果是被测面相对水平面的斜率。如0.02/1 000，其含义是测量面相对水平面倾斜为4″，斜率是0.02/1 000，而此时平尺两端的高度差，则因测量长度不同而不同。

在图3—29中，按相似三角形比例关系可得：

在离左端200 mm处

$$\Delta H_1 = 0.02 \times \frac{200}{1\,000} = 0.004 \text{ mm}$$

在离左端250 mm处

$$\Delta H_2 = 0.02 \times \frac{250}{1\,000} = 0.005 \text{ mm}$$

在离左端500 mm处

$$\Delta H_3 = 0.02 \times \frac{500}{1\,000} = 0.01 \text{ mm}$$

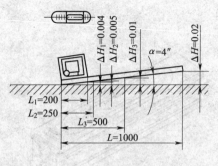

图3—29　水平仪测量原理

三、水平仪的读数方法

水平仪常用的读数方法有以下两种：

1. 绝对读数法

气泡在中间位置时，读作0，如图3—30a所示。以零线为基准，气泡向任意一端偏离零线的格数，即为实际偏差的格数。偏离起端为"＋"，偏向起端为"－"。一般习惯由左向右测量，也可以把气泡向右移作为"＋"，向左移作为"－"。如图3—30b所示为"＋2格"。

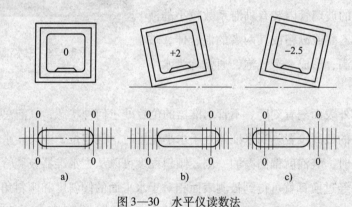

图3—30　水平仪读数法

a）水平位置　b）绝对读数法　c）平均值读数法

2. 平均值读数法

以两长刻线（零线）为准向同一方向分别读出气泡停止的格数，再把两数相加除以2，即为其读数值。如图3—30c所示，气泡偏离左端"零线"－3格，偏离右端"零线"－2格，实际读数为－2.5格，即左端比右端高2.5格。平均值读数法不受环境温度影响，读数精度高。

四、配合水平仪测量的用具

1. 垫铁

垫铁是一种检验导轨精度的通用工具,主要用于水平仪及百分表架等测量器具的垫铁。垫铁根据使用目的和测量导轨形状不同,可做成多种形状,如图 3—31 所示。

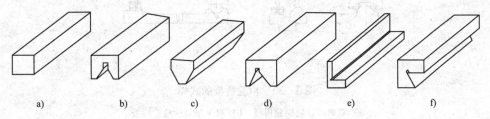

图 3—31　垫铁的种类

a) 平面垫铁　b) 凹 V 形等边垫铁　c) 凸 V 形等边垫铁

d) 凹 V 形不等边垫铁　e) 直角垫铁　f) 55°角垫铁

2. 检验桥板

检验桥板是检验机床导轨面间相互位置精度的一种工具,一般与水平仪结合使用,图 3—32 所示为检验桥板的结构,图 3—33 所示为检验桥板的几种式样。

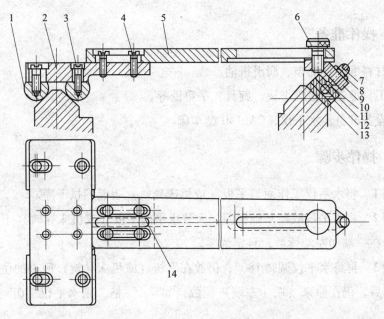

图 3—32　检验桥板结构

1—半圆棒　2—丁字板　3、4—圆柱头螺钉　5—桥板　6—滚花螺钉　7—调整杆

8—六角螺母　9—滑动支撑板　10—圆柱头铆钉　11—盖板　12—垫板　13—接触板　14—平键

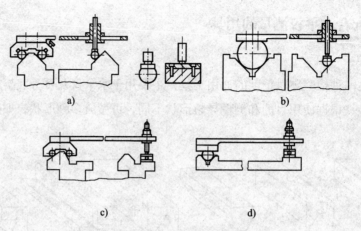

图 3—33 检验桥板的式样

a）双扇形导轨检验桥板 b）双 V 形导轨检验桥板

c）山形、平形导轨检验桥板 d）V 形、平形导轨检验桥板

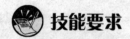 **技能要求**

技能 1 水平仪"0"位校对

一、操作准备

1. 材料准备：棉布、润滑机油。

2. 工具准备：检验平板、旋具、平垫铁等。

3. 设备准备：水平仪、CA6140 型车床。

二、操作步骤

步骤 1 将水平仪工作面与平板（或机床导轨）表面擦拭干净。

步骤 2 将水平仪放在基础稳固、大致水平的平板（或机床导轨）上，待气泡稳定后，在一端如左端读数，且定为零。

步骤 3 再将水平仪调转 180°，仍放在平板（或机床导轨）原来的位置上，待气泡稳定后，仍在原来一端（左端）读数，如"A"格，则水平仪"0"位误差为 $A/2$ 格。

步骤 4 如果零位误差超过许可范围，则需调整水平仪零位调整机构（调整螺钉或螺母），使零位误差减小至许可值以内。

步骤5　调整校对后螺钉或螺母等元件紧固。

三、注意事项

为了避免温度差对测量精度效果的影响，水平仪"0"位的校对应在测量现场进行。

技能2　用水平仪测量导轨铅垂平面内直线度

例如，已知有一车床导轨长 1 600 mm，要求用水平仪测量导轨在铅垂直平面内的直线度误差。

一、操作准备

1. 材料准备：棉布、照明工具、防锈油、坐标纸等作图用具。
2. 工具准备：平垫铁、平板、扳手、旋具等调整工具。
3. 设备准备：车床、0.02/1 000 mm 精度框式水平仪。

二、操作步骤

步骤1　根据被测量导轨的精度要求，选用精度为 0.02/1 000 mm 的框式水平仪测量该机床导轨。

步骤2　选用长度 l 为 200 mm 的平垫铁安放水平仪。因为将导轨分 8 段（一般分段数不少于 5 段）进行检测。

步骤3　擦干净被测导轨表面、平垫铁和水平仪的工作面。

步骤4　将平垫铁置于导轨中间，水平仪安放在垫铁上，然后调整导轨大致水平。

步骤5　从导轨左端开始，依次首尾相接逐段测量导轨，读取记录各段高度差读数。用绝对读数法，每段读数依次为：+1、+1、+2、0、−1、−1、0、−0.5，如图 3—34 所示。

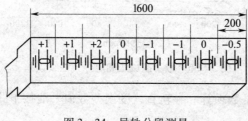

图 3—34　导轨分段测量

步骤6 取坐标纸按一定的比例，把各段测量读数逐点累积，画出导轨直线度曲线图，如图3—35所示。作图时，导轨的长度为横坐标，水平仪读数为纵坐标，根据水平仪读数依次画出各折线段，每一段的起点与前一段的终点重合。

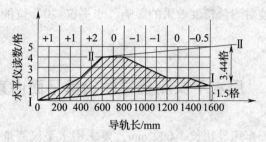

图3—35 导轨直线度误差曲线

步骤7 进行数据处理，求出最大误差格数及误差曲线形状。根据曲线形状选择以下两种方法之一：

（1）两端点连线法（本例采用）

若导轨直线度误差曲线呈单凸（或单凹）时，做首尾两端点连线Ⅰ—Ⅰ，并过曲线最高点（或最低点），作Ⅱ—Ⅱ直线与Ⅰ—Ⅰ平行。两包容线间最大纵坐标值即为最大误差格数。在图3—35中，最大误差在导轨长为600 mm处。曲线右端点坐标值为1.5格，按相似三角形解法，导轨600 mm处最大误差值为4−0.56=3.44格。

（2）最小区域法

在直线度误差曲线有凸有凹时采用，如图3—36所示。过曲线上两个最低点（或两个最高点），作一条包容线Ⅰ—Ⅰ；过曲线上的最高点（或最低点）作平行于Ⅰ—Ⅰ线的另一条包容线Ⅱ—Ⅱ，将误差曲线全部包容在两平行线之间，两平行线之间沿纵轴方向的最大坐标值即为最大误差。

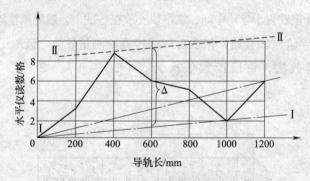

图3—36 最小区域法确定导轨曲线误差

步骤8 按误差格数换算。导轨直线度误差数值一般按下式换算：

$$\Delta = nil$$

$$= 3.44 \times 0.02/1\ 000 \times 200$$

$$= 0.014\ \text{mm}$$

式中　Δ——导轨直线度误差数值，mm；

　　　　n——曲线图中最大误差格数；

　　　　i——水平仪的读数精度；

　　　　l——每段测量长度，mm。

步骤 9　测量完毕，将水平仪、垫铁擦拭干净，涂上防锈油装入密封的盒子进行保存。

三、注意事项

1. 不能直接将水平仪置于被测表面上。
2. 测量前应调整好水平仪的"0"位。
3. 移动水平仪时，动作要平稳。

技能 3　水平仪测量车床导轨垂直平面内的平行度

一、操作准备

1. 材料准备：棉布、照明工具、防锈油、坐标纸等作图用具。
2. 工具准备：双扇形导轨检验桥板、平板、扳手、旋具等调整工具。
3. 设备准备：车床、0.02/1 000 mm 精度框式水平仪。

二、操作步骤

步骤 1　按精度要求选用水平仪，并对水平仪进行"0"位校对。

步骤 2　根据机床导轨的结构选择跨距适当的桥板。

步骤 3　擦干净被测导轨表面、桥板和水平仪的工作面。

步骤 4　将检验桥板 1 放在被测导轨 3 和基准导轨 4 之间，水平仪 2 放在检验桥板上，然后按各测点位置依次逐段地移动桥板测量，同时记录各测点的示值。返测时注意不能掉头，如图 3—37 所示。

步骤 5　进行数据处理，求出测量结果。水平仪在全部行程上读数的最大差值，就是该导轨的平行度误差。

步骤 6　测量完毕，将水平仪、桥板擦拭干净、涂上防锈油装入密封的盒子保存。

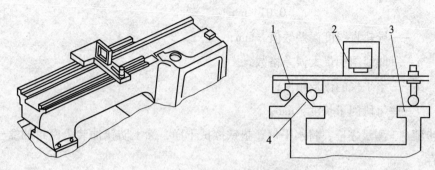

图3—37　导轨平行度的检验

1—检验桥板　2—水平仪　3—被测导轨　4—基准导轨

三、注意事项

1. 水平仪使用前用无腐蚀性汽油将工作面上的防锈油洗净，并用脱脂棉纱擦拭干净方可使用。

2. 温度变化会使测量产生误差，使用时必须与热源和风源隔绝。如使用环境温度与保存环境温度不同，则需在使用环境中将水平仪置于平板上稳定2 h后方可使用。

3. 测量时必须待气泡完全静止后方可读数。

第2节　设 备 检 验

　学习单元1　机床主轴精度的检验

　学习目标

1. 能够说出普通机床的主轴结构。

2. 能够解释定向装配的原理和方法。

3. 能够完成普通机床主轴调整和检验。

 知识要求

一、滚动轴承的定向装配

1. 定向装配的原理

对精度要求较高的主轴部件，为了提高主轴的回转精度，轴承内圈与主轴装配及轴承外圈与箱体孔装配时，常采用定向装配的方法。定向装配就是人为地控制各装配件径向跳动的方向、合理组合、采用误差相互抵消来提高装配精度的一种方法。装配前需对主轴轴端锥孔中心线偏差及轴承的内、外圈径向跳动进行测量，确定误差方向并做好标记。

按不同方法进行装配后的主轴精度的比较，如图 3—38 所示。图中 δ_1、δ_2 分别为主轴前、后轴承内圈的径向圆跳动量；δ_3 为主轴锥孔中心线对主轴回转中心线的径向圆跳动量；δ 为主轴的径向圆跳动量。

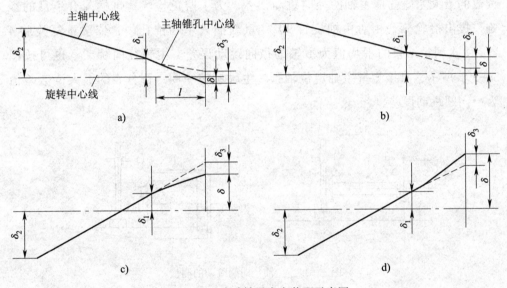

图 3—38 滚动轴承定向装配示意图

如图 3—38a 所示，按定向装配要求进行装配的主轴的径向圆跳动量 δ 最小。如果前后轴承精度相同，主轴的径向圆跳动量反而增大。同理，轴承外圈也应按上述方法定向装配。对于箱体部件，由于检测轴承孔偏差较费时间，可将前后轴承外圈的最大径向跳动点在箱体孔内装在一条直线上。

2. 滚动轴承定向装配要点

（1）主轴前轴承的精度比后轴承的精度高一级。

（2）前后两个轴承内圈径向圆跳动量最大的方向置于同一轴向截面内，并位于旋转中心线的同一侧。

（3）前后两个轴承内圈径向圆跳动量最大的方向与主轴锥孔中心线的偏差方向相反。

二、车床主轴部件的精度要求

车床主轴部件是车床的关键部分，在工作时承受很大的切削力。主轴部件精度是指它在装配调整之后的回转精度，包括主轴的径向跳动、轴向窜动以及主轴旋转的均匀性和平稳性。

1. 主轴径向圆跳动的检验

如图3—39a所示，在锥孔中紧密地插入一根锥柄检验棒，将百分表固定在机床上，使百分表测头顶在检验棒表面上，旋转主轴，分别在靠近主轴端部的 a 点和距 a 点300 mm的 b 点检验。a、b 的误差分别计算，旋转主轴检查，百分表读数的最大差值就是主轴的径向跳动误差。为了避免检验棒锥柄配合不良的影响，拔出检验棒，相对主轴旋转90°，重新插入主轴锥孔内，依次重复检验4次，4次测量结果的平均值为主轴的径向跳动误差。主轴径向跳动量也可按图3—39b所示，直接测量主轴定位轴颈。主轴旋转一周，百分表的最大读数差值为径向圆跳动误差。

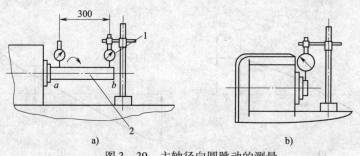

图3—39 主轴径向圆跳动的测量

1—百分表 2—检验棒

2. 主轴轴向窜动的检验

如图3—40所示，在主轴锥孔中紧密地插入一根锥柄短检验棒，中心孔中装入钢球（钢球用黄油粘上），百分表固定在床身上，使百分表测头顶在钢球上。旋转主轴检查，百分表读数的最大差值就是轴向窜动误差值。

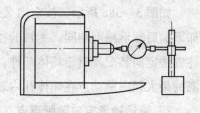

图3—40 主轴轴向窜动的测量

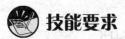

技能要求

技能 1　主轴部件的装配

一、操作准备

百分表、磁性表架、旋具等。

二、操作步骤

C630 型车床主轴部件如图 3—41 所示，装配顺序如下：

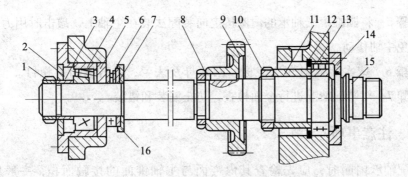

图 3—41　C630 型车床主轴部件

1—圆螺母　2—盖板　3—衬套　4—圆锥滚子轴承　5—轴承座　6—推力球轴承

7—垫圈　8—螺母　9—大齿轮　10—调整螺母　11—调整套

12—卡环　13—滚动轴承　14—法兰　15—主轴

16—开口垫圈

步骤 1　将卡环和滚动轴承的外圈装入主轴箱体前轴承孔中。

步骤 2　将滚动轴承的内圈按定向装配法从主轴的后端套上，并依次装入调整套和调整螺母（见图 3—42a）。适当预紧调整螺母，防止轴承内圈改变方向。

步骤 3　将图 3—42a 所示的主轴组件从箱体前轴承孔中穿入，在此过程中，依次将键、大齿轮、螺母、垫圈、开口垫圈和推力球轴承装在主轴上，然后把主轴穿至要求的位置。

步骤 4　从箱体后端，将图 3—42b 所示的后轴承壳体分组件装入箱体，并拧紧螺钉。

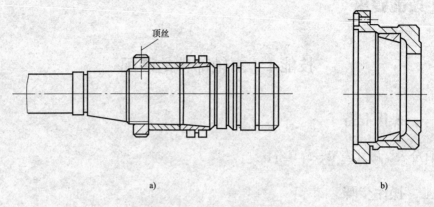

图 3—42　主轴分组件装配

a）主轴组件　b）后轴承壳体分组件

步骤 5　将圆锥滚子轴承的内圈按定向装配法装在主轴上，敲击时用力不要过大，以免主轴移动。

步骤 6　依次装入衬套、盖板、圆螺母及法兰，并拧紧所有螺钉。

步骤 7　对装配情况进行全面检查，防止漏装和错装。

三、注意事项

装配轴承内圈时，应先检查其内锥面与主轴锥面的接触面积，一般应大于50%。如果锥面接触不良，收紧轴承时，会使轴承内滚道发生变形，破坏轴承精度，减少轴承使用寿命。

技能 2　主轴部件的调整

一、操作准备

百分表、磁性表架、旋具等。

二、操作步骤

主轴部件的调整分预装调整和试车调整两步进行。

步骤 1　主轴部件预装调整

在主轴箱部件未装其他零件之前，先将主轴按图 3—41 进行一次预装，其目的是一方面检查组成主轴部件的各零件是否能达到装配要求；另一方面空箱便于翻转，修刮箱体底面比较方便，易于保证底面与床身结合面的良好接触以及主轴轴线对床身导轨的平行度。

主轴轴承的调整顺序，一般应先调整固定支承，再调整游动支承。对 C630 型车床而言，应先调整后轴承，再调整前轴承。

（1）后轴承的调整先将调整螺母松开，旋转圆螺母，逐渐收紧圆锥滚子轴承和推力球轴承。用百分表触及主轴前端面，用适当的力前后推动主轴，保证轴向间隙在 0.01 mm 之内。同时用手转动大齿轮，若感觉不太灵活，可能是圆锥滚子轴承内、外圈没有装正，可用木槌（或铜棒）在主轴前后端敲击，直到手感觉主轴旋转灵活为止，最后将圆螺母锁紧。

（2）前轴承的调整逐渐拧紧调整螺母，通过调整套的移动，使轴承内圈做轴向移动，迫使内圆胀大。用百分表触及主轴前端轴颈处（见图 3—43），撬动杠杆使主轴受 200 ~ 300 N 的径向力，保证轴承径向间隙在 0.005 mm 之内，且用手转动大齿轮，应感觉灵活自如，最后将调整螺母锁紧。

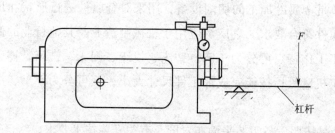

图 3—43　主轴径向间隙的检查

步骤 2　主轴的试车调整

机床正常运转时，主轴箱内温度升高，主轴轴承间隙也会发生变化，而主轴的实际理想工作间隙，是在机床温升稳定后所调整的间隙。

试车调整方法如下：按要求给主轴箱加入润滑油，用划针在螺母边缘和主轴上作出标记，记住原始位置。适当拧松调整螺母和圆螺母，用木槌（或铜棒）在主轴前后端适当振击，使轴承回松，保持间隙在 0 ~ 0.02 mm。主轴从低速到高速空转时间不超过 2 h，在最高速的运转时间不少于 30 min，一般油温不超过 60℃ 即可。停车后锁紧调整螺母和圆螺母，结束调整工作。

学习单元 2　机床整体安装与调试

 学习目标

1. 能够说出普通机床的安装规程。
2. 能够完成普通机床的整体安装、找正和调整。

 知识要求

一、机床的安装概述

机床设备是金属冷加工的切削设备，用来对金属件进行形状和尺寸及精度的加工，使金属件符合要求。它广泛应用于机械制造业及其他行业的修理工作。金属机床按加工工作特点可分为车床、钻床、镗床、刨床、铣床、插床、磨床、齿轮和螺纹加工机床等；按能完成加工件尺寸大小，又可分为小型、中型和大型机床。

机床安装是按照设备工艺平面布置图及有关安装技术要求，将已到货并经开箱检查合格的外购设备或大修、改造、自制设备，安装在规定的基础上，进行找平、固定，达到安装规范的要求，并通过调试、运转、验收，使之满足生产工艺的要求。

二、机床安装的基础

1. 机床安装基础的种类

（1）普通结构的基础

图 3—44a 为专用基础，专门用于一种机床。如果把凹槽取消，使地脚螺栓外露，则可用于一般中小型金属切削机床的安装。图 3—44b 为通用基础，可在机床试验、检验中作临时性安装用。

（2）防振基础

如图 3—45 所示，主要用于精密机床的安装，如高精度螺纹磨床、齿轮磨床和坐标镗床等。

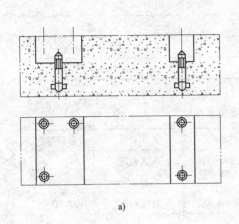 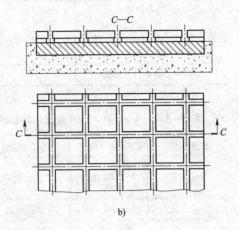

图 3—44　普通结构的基础

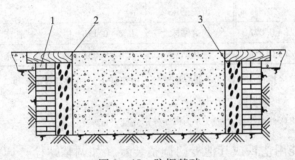

图 3—45　防振基础

1—隔墙　2—木板　3—炉渣等防振材料

2．对机床安装基础的要求

根据不同情况，机床可安装在混凝土地面上或单独的基础上，但要求符合下列规定：

（1）中、小型机床安装在混凝土地面上的界限及地面的厚度，应按工业建筑设计规范的国家标准规定执行。

（2）大型机床应安装在单独基础或局部加厚的混凝土地面上。

（3）重型机床、精密机床应安装在单独基础上。

（4）机床安装在单独基础上时，基础平面尺寸应不小于机床支撑面积的外廓尺寸，应考虑安装、调整和维修时所需要的尺寸。基础的平面位置和标高的精度要符合表 3—2 的规定。基础厚度按机床说明书要求或根据地基设计规范，按机床质量、土地允许承载力、基础自重等进行计算，但一般可参考表 3—3 的参数确定。

表3—2　　　　　设备平面位置和标高对安装基准线的允许偏差

项目	允许偏差/mm	
	平面位置	标高
与其他设备无机械连接	±10	−10～20
与其他设备有机械连接	±2	±1

表3—3　　　　　金属切削机床基础的混凝土厚度

机床名称	基础厚度	机床名称	基础厚度	机床名称	基础厚度
卧式车床	$0.3+0.07L$	磨床	$0.3+0.08L$	卧式镗床 落地镗床	$0.3+0.12L$
立式车床	$0.5+0.15h$	导轨磨床	$0.4+0.08L$	卧床拉床	$0.3+0.05L$
铣床	$0.2+0.15L$	螺纹磨床 精密外圆磨床 齿轮磨床	$0.4+0.10L$	齿轮加工机床	$0.3+0.15L$
龙门铣床	$0.3+0.07L$	摇臂钻床	$0.2+0.13h$	立式钻床	$0.3+0.6$
插床	$0.3+0.15h$	深孔钻床	$0.3+0.05L$	牛头刨床	$0.6+1.0$

注：1. 表中基础厚度指机床底座下（如有垫铁时，指垫铁下）承重部分的厚度，当坑、槽深于基础底面时，仅需局部加深。

2. 表中 L 为机床外形长度（m），h 为机床外形高度（m）。

调平时，只能用垫铁或其他专门调整装置（如调整螺栓）调整，不能用拧紧或放松地脚螺栓及局部加压等方法调整。调平后将垫铁用定位焊固定。

（5）调平操作时，被测面应先清洗干净，再用洁布擦净，多次测量应在同一部位。

（6）水平度。被测量的某要素（线或面）相对于基准要素（面或线）不水平的程度称水平度。

 技能要求

技能　普通机床调试

一、操作准备

1. 材料准备：煤油、机油、细砂布、油石、棉纱。
2. 工具准备：扳手、铜棒、铁锤。

3. 设备准备：水平仪或平尺。

二、操作步骤

步骤 1 设备的开箱检查

新购设备开箱检查由采购、管理部门组织，安装部门和使用部门参加。进口设备的开箱检查还须有海关代表参加。开箱检查的主要内容如下：

（1）检查外观包装情况。

（2）按照装箱单清点零件、部件、工具、附件、备品、说明书和其他技术文件是否齐全，有无缺损。

（3）检查设备有无锈蚀，如有锈蚀应及时处理。

（4）凡未经清洗过的滑动面严禁移动，以防研损；清除防锈油时要用非金属刮具，以防损伤设备。

（5）不需要安装的备品、附件、工具等应妥善保管。

（6）核对设备基础图和电气线路图与设备实际情况是否相符；检查地脚螺栓、垫铁是否符合要求；电源接线口位置及有关参数是否与说明书相符。

（7）检查后作出详细检查记录，对严重锈蚀、破损等情况，最好照相和图示说明以备查询，并作为向有关单位进行交涉、索赔的依据。同时，也列为该设备的原始资料予以归档。

步骤 2 划线定位

按地基图在基础上划出机床中心线，检查各地脚孔中心位置和各平面的标高是否符合图样要求，以便安装时能正确定位。

步骤 3 吊装机床

吊装前将机床外表面擦净，并在地基上的适当位置安放临时垫铁。按说明书规定的吊装方式将机床吊起来，挂上地脚螺栓，其螺纹应露出螺母 5～6 牙，然后将机床安放到基础上去。地脚螺栓与地基上预留孔壁的距离应大于 50 mm，且能自由晃动，然后用临时垫铁粗调机床安装水平。

步骤 4 灌注地脚孔混凝土

所用混凝土要比基础用混凝土高一个标号，石子尺寸要小于 20 mm，灌注时要仔细认真捣实，并检查地脚螺栓，如有歪斜要及时扶正。

步骤 5 安装垫铁

在地脚孔混凝土经养护达到要求强度后，把机床地脚螺母取下后吊离基础放在一旁。取出临时垫铁，按地基图规定安装垫铁。再把机床吊装到地基上，并初步拧紧地脚螺母。

步骤6 调整安装水平

目的是保持机床的稳固性，减少振动，防止变形和避免不合理的磨损，以确保加工精度。设备安装水平和选定找平基准面的位置，应按机床说明书和设备安装验收规范的规定进行，如图3—46所示。

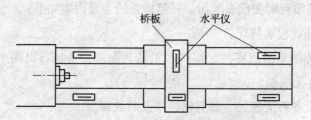

图3—46 车床调整水平示意图

新机床经调整安装水平后，应进行空运转试验、负荷试验和精度检验。对试验和检查结果应进行记录和总结，对于无法调整及消除的问题，分析原因后按性质归纳为设备设计问题、设备制造问题、设备安装质量问题和调整中的技术问题等。总结中，对试运转和精度检验要作出评定结论，然后办理移交生产部门的手续，并注明参加试运转、精度检验的人员和日期。

三、注意事项

1. 机床清洗时，应防止清洗剂和油脂掉到基础面上，必要时铺垫塑料膜保护。用过的洗布、棉纱应集中收集存放。

2. 洗油的存放和使用，要符合消防的要求。

3. 打凿混凝土地面孔洞时，不得使用大锤打击，应使用手锤，宜先破开孔洞周边的地面，以保护孔洞以外的混凝土地面不被破坏。

4. 清洗精度较高的表面，不准使用硬金属刮具；清除精加工面锈斑时，要按加工面表面粗糙度等级，选用细砂布（00#～0000#）或细油石蘸机油研磨。